Lukas Schuler, Kurt Wirth

Mein Haus, mein Licht, meine Umwelt

Haupt
NATUR

Lukas Schuler, Kurt Wirth

Mein Haus, mein Licht, meine Umwelt

Wie wir Licht umwelt-schonend einsetzen und was wir damit gewinnen

Haupt Verlag

Inhaltsverzeichnis

1 Einleitung

1.1 Lichtverschmutzung – ein selbst verursachtes Problem, auch in Europa

In Europa leben wir fast alle in Siedlungsräumen mit Beleuchtung. Auch mitten in der Nacht wird es nicht mehr natürlich dunkel.

Abb. 1: Diese Abbildungen wurden aus Messdaten des Umweltsatelliten Suomi NPP vom Licht in der Nacht ohne Bewölkung um Neumond herum aufbereitet (NOAA's National Centers for Environmental Information (NCEI)). **Abbildung 1A** zeigt ein «natürliches Bild», ähnlich der Optik aus der internationalen Raumstation ISS, und wird gerne veröffentlicht und angeschaut. Man erkennt im Norden die Küstenlinie. Hervorstechende, markante Städte sind Hamburg, Berlin, Posnan, Wrozlaw, Prag, München, Wien, Zagreb. Unten links

Zwischen den Darstellungen in den Abbildungen 1A und 1B lagen mindestens fünf Jahre Erfahrung, viel Gedankenarbeit und der Versuch, Politik und Wissenschaft eher auf einen Nenner zu bringen. DarkSky suchte nach einem Maß für Licht, das allen Menschen zugänglich ist und das für die Natur relevant ist – und ist dabei auf den Vollmond gekommen. Das bringt ein besseres Verständnis für das Beleuchtungsniveau in Bezug auf die Nachtqualität und fördert das Nachdenken und Handeln in der Politik [1].

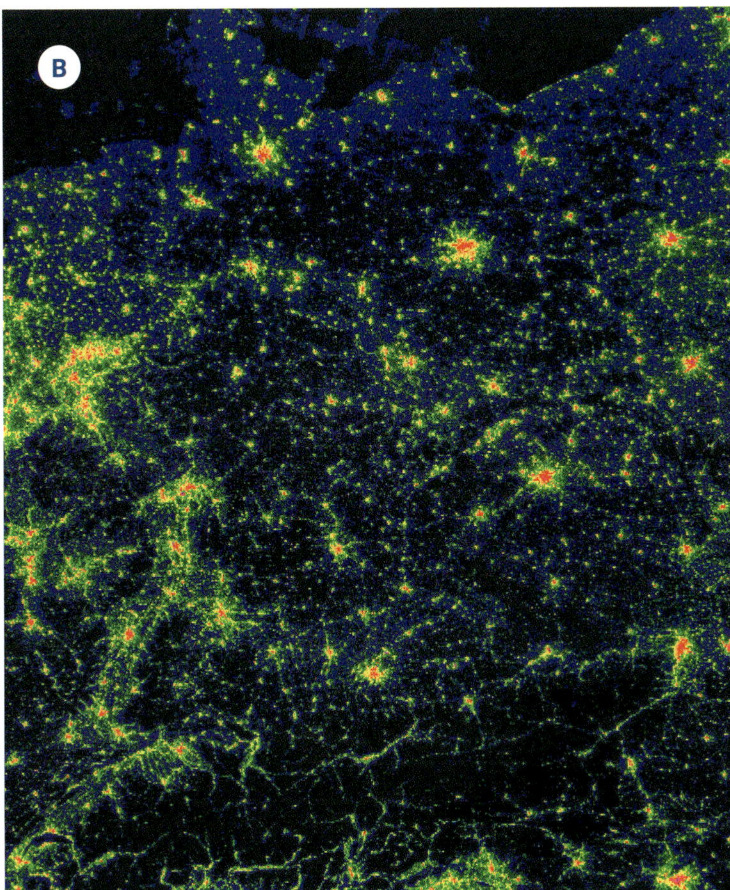

am Alpenkamm liegt die Schweiz, deutlich sichtbar zieht sich der Rheingraben nach Norden bis ins dicht besiedelte Ruhrgebiet. **Abbildung 1B** zeigt in Warnfarben, wie weit wir uns vom natürlichen Maß des Nachtlichts (dem Vollmond, entspricht Dunkelgrün) entfernt haben und welches flächendeckende Ausmaß die Kunstlichter in der Nacht angenommen haben. Die Stufe Rot kommt in fast allen Städten vor und entspricht einer Leuchtdichte, als wenn acht Vollmonde scheinen würden.

Obwohl weniger Licht nur einen Lichtschalter entfernt ist und nach dem Ausschalten keine Spuren hinterlässt, ist die Reduzierung faktisch kein einfaches Anliegen und wird noch häufig – bewusst oder unabsichtlich – missverstanden. Der Irrtum entsteht dadurch, dass die Intuition das Wort «Lichtverschmutzung» falsch interpretiert. Bei der Luftverschmutzung wird die Luft verschmutzt, bei der Lichtverschmutzung wird die dunkle Umwelt (oder das Auge) mit Licht verschmutzt, nicht das Licht. Die Lärmbelästigung belästigt auch nicht den Lärm, sondern die Nachbarschaft.

Der Ursprung des Wortes «Lichtverschmutzung» ist in der astronomischen Forschung zu finden. Wurden Sterne früher auf lichtempfindliche Glasplatten oder Negativfilme belichtet, erschienen sie schwarz auf transparentem Hintergrund. Der Himmel in Stadtnähe blieb jedoch selten transparent, sondern erschien immer häufiger dreckig, also verschmutzt (engl. polluted). Der Himmel wird also mit Licht verschmutzt, oder einfacher gesagt, aufgehellt, sodass die schwachen Sterne, Nebel und Galaxien in einem Dunst aus Licht (Lichtsmog, Lichtglocke) versinken.

Wo haben Sie das letzte Mal die Milchstraße gut gesehen?

Immer häufiger lautet die Antwort auf diese Frage leider nicht mehr «Vor oder hinter dem Haus», sondern fernab von zu Hause im Urlaub auf einer Insel, in der Wüste, an der Küste usw. Mit mittlerweile weltweit über 200 Lichtschutzgebieten halten DarkSky International (1998 bis 2022 International DarkSky Association, IDA, darksky.org) und die UNESCO Starlight Initiative (starlight2007.net) aber eine andere Antwort bereit. Meistens wird vergessen, dass Astronominnen und Astronomen und wir nicht vor Lichtverschmutzung fliehen sollten, sondern sie global reduzieren müssen. Insbesondere stieß die Flucht ins Dunkle unlängst an ihre Grenze, als einzelne zahlungskräftige Unternehmen begannen, das All mit Zehntausenden von Satelliten zu erobern, welche den ruhigen Anblick des Universums bis auf wenige Orte und Nachtstunden noch komplett zerstören werden.

Noch eine ökologische Katastrophe

Die Aufhellung des (bewölkten) Himmels und die Satelliten reflektieren auch Licht zurück auf den Boden, sodass auch die unbeteiligte Umwelt heller wird. Ein Aufschrei rüttelte die europäischen Forscherinnen und Forscher, Behörden und die Bevölkerung wach, als 2017 Krefelder Insektenforschende auf den Verlust von mehr als 75 % der Biomasse aller Insekten in deutschen Naturschutzgebieten innerhalb von 30 Jahren aufmerksam machten [2]. Wohlgemerkt: in Naturschutzgebieten, also auf Terrain, das eigentlich intakte Lebensbedingungen bieten müsste. Aus anderen Ländern wurden daraufhin ähnlich erschreckende Zahlen zum Artenverlust präsentiert. In Österreich sind 2021 laut Greenpeace 39 % aller Tierarten gefährdet, jedes zweite Wirbeltier ist bedroht und 59 % der Lebensraumtypen sind von vollständiger Vernichtung bedroht, stark gefährdet oder gefährdet [3]. Der Klimawandel wird in ganz

Abb. 2: Zusammenfassung der Auswirkungen der Lichtverschmutzung auf das Ökosystem (von links nach rechts und von oben nach unten): Nur die hellsten Sterne bleiben an einem städtischen Himmel sichtbar, wo die Himmelsaufhellung dominiert. Die Orientierung von Zugvögeln kann dadurch gestört werden, ebenso wie durch hohe und beleuchtete Gebäude. Plankton taucht tiefer, um beleuchtetes Wasser zu meiden. Kleine Beutefische meiden stark beleuchtetes Wasser ebenfalls oder verstecken sich vor Raubfischen, welche sie jagen. Ein fliegendes Insekt entschlüpft aufgrund des beleuchteten Wassers früher als gewöhnlich aus seinem Larvenstadium. Eine Ente profitiert von Algen, die vor allem auf Steinen im beleuchteten Wasser wachsen. Ein Reiher wartet vergebens auf herannahende Fische. Eine Schildkröte flieht aufgrund der Helligkeitszunahme vom Strand in die falsche Richtung zum Land. Man beachte den toten Vogel neben dem Leuchtturm nach einer Kollision. Ein Fuchs schleicht durch die Stadtlandschaft und sucht Nahrung aus Abfall. Die Wolken am städtischen Himmel werden von Kunstlicht beleuchtet und erscheinen heller als die Wolken ohne Kunstlicht (ganz rechts). Eine Spinne hat ihr Netz neben einem Laternenpfahl errichtet und wartet auf heranfliegende Insekten, die sich darin verfangen. Eine lichttolerante Fledermaus jagt Nachtfalter, die unter der Straßenlaterne kreisen. Nur ein Nachtfalter hat die Ackerblumen auf dem Feld gefunden. Diese Pflanzen wachsen schneller als ihre unbeleuchteten Artgenossen. Ein Käfer hat das beleuchtete Feld verlassen und vermisst seine Nahrung. Ein Zugvogel blieb zwischen Wald und Meer stecken, da er einen beleuchteten Teich fand. Der Singvogel zwitschert früher als sein schlafender Kollege im Wald und wartet auf den Sonnenaufgang. Die Schnecke überlebt besser im Wald als in der beleuchteten Stadt. Der Frosch traut sich nicht, auf Nahrungssuche zu gehen, weil er sich versteckt, bis das Umgebungslicht dunkler wird. Einige Gliederfüßer sind von dem vom Verkehr beleuchteten Blumenfeld in den Wald geflohen. Eine Eule sitzt im dunklen Wald, bevor sie die am Boden schleichende Waldmaus jagt. Eine fliegende und eine bodenbewohnende Fledermaus sind auf ihre natürliche Art und Weise auf der Suche nach Insekten und Käfern. (Übersetzt aus der Arbeit für das Journal of Dark Sky Studies, in Publikation.)

Europa Lebensräume verschieben und teils vernichten. In der Schweiz sind 43 % der bekannten Arten gefährdet und 16 % potenziell gefährdet, 38 Arten sind ausgestorben und 107 Arten vom Aussterben bedroht, sagt das Forum Biodiversität der Akademie der Naturwissenschaften Schweiz [4]. Endlich wurde neben Lebensraumverlust, industrialisierter Landwirtschaft (Dünger, Pestizide, Mechanisierung) auch die Lichtverschmutzung als ernst zu nehmendes Problem wahrgenommen, obwohl man schon seit den Nullerjahren vermutete, dass pro Nacht pro Straßenlampe etwa 150 Insekten verenden [5]. Abbildung 2 veranschaulicht die Betroffenheit fast aller Tierarten durch Lichtverschmutzung und wurde aufgrund von wissenschaftlichen Erkenntnissen bis 2019 gezeichnet.

Der Anpassungsschock kommt heimtückisch

Wer in der zweiten Lebenshälfte steht, kennt noch die Autofahrten mit nachfolgend intensiver Reinigung der Frontscheiben und Scheinwerfer wegen Kollisionen mit allerlei Insekten, den nächtlichen Anblick der Milchstraße oder des übrigen Sternenhimmels nur 30–40 Kilometer entfernt von größeren Siedlungen. Das Auffinden des Orionnebels oder der Andromeda-Galaxie war spielend leicht.

In praktisch nur einer Generation haben wir es geschafft, dem Sternenlicht eine Mattscheibe aufzusetzen und die Orientierung von Milliarden von Tieren zu stören. Durch die jährliche Zunahme der Lichtverschmutzung zwischen einem halben und sechs Prozent steuern wir unweigerlich auf städtische Verhältnisse zu, wo mit bloßem Auge nur noch die hellsten Sterne und Planeten am Himmel erkennbar sind.

Dass wir dabei sogar unsere Nahrungsgrundlage gefährden (viele Insekten bestäuben nachts unsere Kulturpflanzen [6]), sollte Warnung genug sein, es wieder besser zu machen. Leider nähert sich diese Umweltkatastrophe (ähnlich wie der Klimawandel bis 2002) zu langsam dem Abgrund, als dass wir sie unmittelbar als Gefahr wahrnehmen, aber zu rasch, als dass sie nicht bereits unseren Kindern oder Enkelinnen und Enkeln das Leben schwer machen würde.

Die Hoffnung stirbt zuletzt

Wenn nun jede und jeder Einzelne etwas weniger Lichtverschmutzung verursacht, so ist das doch angesichts der vielen Neubausiedlungen, Erschließungsstraßen, Einkaufs-, Logistik- und Sportzentren nur wie ein ausgeblasenes Kerzlein neben einem Flutlichtstrahler?

Wir können die Verantwortung von uns schieben und warten, was die Regierung für uns tut, oder wir können sie übernehmen und handeln, bevor die Politik uns weitere Vorschriften macht. Denn die grundlegenden Regeln zum besseren Umgang mit Kunstlicht sind in Europa mehrheitlich vorhanden (siehe Anhang A2 und A3), aber sie sind meist zu wenig bekannt.

Wenn viele Menschen mitmachen, entsteht eine Bewegung, die uns allen nutzt. Jedes eingesparte Photon (Lichtteilchen) richtet nirgends Schaden an und verschwendet keine Ressourcen (angesichts der Energieverknappung wirklich kein schlechter Zug).

1.2 Ein Gespür für Licht bekommen

Vor dem Badezimmerspiegel sind wir Menschen wohl am empfindlichsten, was die Lichtqualität angeht. Dort wollen wir gut sehen können, aber auch gut aussehen. Mit einer unzureichenden Lichtquelle beginnen wir uns schlecht zu fühlen und zu beschweren. Sei es, weil sie flackert, sei es, weil sie uns in ein fahles Licht taucht und unsere Haut krank aussehen lässt, oder sei es, weil wir uns nicht gut sehen und konzentrieren können, weil sie uns blendet, oder sei es, weil sie kaputt geht und wir mit geschärften Werkzeugen in der Hand plötzlich im Dunkeln stehen.

Man kann sich auch aus medizinischen Gründen mit Licht therapieren, durch Höhensonnen (UV), Rotlicht- (IR) und Tageslichtlampen können diverse Leiden gemildert oder geheilt werden, jedoch ist vom Gebrauch ohne ärztliche Empfehlung dringend abzuraten. Licht wirkt, auch wenn wir nicht immer daran denken, in jedem Fall auf unseren Organismus. Es ist symptomatisch für unseren unbedarften Umgang mit Technologie, dass (in der Schweiz) mittlerweile eine separate Verordnung zu Solarien und Laserpointern [7] erlassen werden musste, weil sich einige wenige nicht für die Gesundheit ihrer Mitmenschen interessieren.

Was gleich aussieht, muss nicht gleich sein

Im letzten Jahrhundert waren Glaskolben mit Glühwendel auch im Badezimmer häufig anzutreffen und das warme Licht schmeichelte der Haut – nicht zuletzt auch wegen der erzeugten Heizleistung und der roten Lichtanteile, die die Blutgefäße unter der Haut gesund aussehen lassen. Dann war es modern, möglichst weißes Licht aus Fluoreszenzleuchten hinter weißem Acrylglas zu verstecken. Die klinische Atmosphäre half den Ansprüchen an die Hygiene sicher auf die Sprünge, aber so richtig wohl fühlten wir uns im schlaftrunkenen Zustand in einem solchermaßen beleuchteten Badezimmer kaum. Dass Gasentladungslampen kein vollständiges Spektrum erzeugen, nimmt, so vermuten wir, der Mensch unbewusst als Mangel wahr, der ihn gerade im Badezimmer am meisten berührt. Hinzu kommt womöglich noch ein Flackern durch die Wechselstromversorgung oder durch schlechte elektrische Schaltungen.

Die Sonne füllt das Lichtspektrum im ganzen Regenbogen und mit ziemlicher Konstanz aus; und wie schön ist es doch, bei Tageslicht vor dem Badezimmerspiegel zu stehen (was viele Architektinnen und Architekten uns leider nicht gönnen). Die Halogenlampen waren deshalb ein Segen: schön warmes, helles Licht, kein Flackern. Allerdings hat die EU sich der Effizienzsteigerung verschrieben und so wurden 2009 die Glühlampen ganz und 2021 die Halogenlampen weitgehend verboten (eine Halogenlampe ist im Grunde eine optimierte Glühlampe und wärmt ebenfalls). Aber die meisten LED (Leuchtmittel mit Leuchtdioden) haben wenigstens ein durchgängiges Spektrum und ihr Licht kann Glühlampenlicht sehr ähnlich sein. Was ihnen weitgehend fehlt, ist die spürbare Heizwirkung und Licht von türkiser Farbe. Und obwohl LED kein Dauerlicht aussenden, sondern üblicherweise mit einer hohen Frequenz getaktet sind, um den Energieverbrauch zu senken und die Lebensdauer zu erhöhen, nehmen wir kein Flackern wahr. Die guten Produkte landen weit unter der Wahrnehmbarkeitsschwelle im Normbereich, was man von den Vorschaltgeräten alter Fluoreszenzleuchten leider selten sagen konnte.

In einer modernen Umgebung, sprich bei Neubau und Umrüstungen, würden wir auch immer empfehlen, auf eine gute Dimmbarkeit von 0 bis 100 % zu achten. Das gelingt bei LED fast verlustfrei, mit jeder Dimmung werden tatsächlich Strombedarf und Alterung der Lichtquelle reduziert und nicht der größte Teil der eingespeisten Energie als Wärme «verheizt» (vgl. 1.3 Licht clever einkaufen/So viel Licht wie nötig, so wenig wie möglich). So kann das Badezimmer zu jeder Tages- und Nachtzeit rasch an das persönliche Lichtbedürfnis angepasst werden. In diesem sensiblen Bereich raten wir von automatisch auslösenden Sensoren ab.

Wenn es fast nur noch eine Lichttechnik (LED) gibt, wohin geht die Reise?
Neben den halb-metallischen Bauteilen gibt es noch organische LED, besser bekannt als OLED (vor allem für Bildschirme). Im Wesentlichen ist es gelungen, durch spezielle Kunststoffe Lichteffekte zu erzeugen wie mit Halbmetallen. Außerdem sind LED mittlerweile in fast jedem Farbton herstellbar. Es ist nur eine Frage der Zeit, bis gemischte LED für jede erdenkliche Farbstimmung in den meisten Lampen Einzug halten (Rot-Grün-Blau oder vielfältiger) oder aber die Kombination kalter/warmer Farbton im weißen Licht höher gewichtet wird und in ein und demselben Produkt je nach Bedarf einstellbar sind.

Solche Produkte gibt es schon länger auf dem Markt, aber wir meinen: Die Standardleuchte, das Massenprodukt, wird das auch können und ein «Lichtschalter» oder die Tageszeit wird immer Lichtfarbe und Lichtmenge steuern.

Licht wird nicht überall und zu jeder Zeit als gleich wichtig erlebt. Die Kommissionen und Fachgesellschaften, die sich mit dem Thema Licht befassen (Lichtgesellschaften), berücksichtigen diese Umstände in den Lichtnormen (siehe Anhang A2). So wird am Büroarbeitsplatz auf der Tischplatte eine mittlere Beleuchtungsstärke von 500 Lux gefordert (zum Begriff der Beleuchtungsstärke siehe Anhang A1), während eine vielbefahrene Hauptverkehrsachse mit 15–20 Lux auskommt und uns der natürliche Vollmond bei klarer Luft durchschnittlich 0,26 Lux schenkt. Der Bürotisch wird also fast 2000-mal heller beleuchtet als die Vollmondnacht. Genau wegen dieser großen Unterschiede ist das Thema für die Umwelt so wichtig geworden.

Im Bereich des mobilen Lichts halten bereits sogenannte Laser-Leuchtdioden Einzug. Noch ist das teils nur Marketingsprache und kein echtes Laserlicht aus Laserdioden. Lichtplanerinnen und Lichtplaner können sich aber vorstellen, dass auch im stationären Bereich irgendwann tatsächlich mit Laserlicht gearbeitet wird, da Laser-LED etwa doppelt so effizient wie LED arbeiten können und farbrein miteinander kombiniert werden. Ob sich das menschliche Auge daran erfreuen wird, lässt sich heute noch nicht abschätzen.

1.3 Licht clever einkaufen

Die Lebensdauer von Leuchtmitteln hat tatsächlich zugenommen. Ein Fehlkauf ist deshalb umso ärgerlicher: In den meisten Geschäften darf man das zu erwerbende Leuchtmittel nicht ausprobieren und muss sich auf die Herstellerangaben auf der Verpackung verlassen. Zudem nehmen die Geschäfte bereits getestete Leuchtmittel als gebraucht nicht mehr zurück. Es gibt ab und zu Testberichte von Lampen durch Konsumentenschutz-Organisationen oder andere Labore, und Plattformen für umweltfreundliches Verhalten helfen vielleicht bei der Auswahl weiter (ecotopten.de, topprodukte.at, topten.ch). Andererseits ist der Markt sehr schnelllebig und was es letztes Jahr noch gab, ist heute schon in keinem Geschäft mehr zu kaufen. Wir sollten daher vor dem Einkauf ein paar grundsätzliche Überlegungen anstellen:

- Wie lange halten wir uns an dem Ort auf, an dem wir das jeweilige Licht einsetzen wollen?
- Wie viel Licht brauchen wir wirklich?
- Bei welcher Lichtfarbe fühlen wir uns wohl?

Menschen-zentriertes Licht

Lichtplanerinnen und Lichtplaner haben sich für die Innenraumbeleuchtung in den letzten Jahren immer stärker auf den Menschen fokussiert. So ist bekannt, dass natürliches Tageslicht zum Arbeiten sehr wertvoll ist. Wir konsumieren zu wenig Licht am Tag und zu viel in der Nacht, wenn wir uns nur in Innenräumen aufhalten. Draußen können über 100'000 Lux auf uns einwirken, in Innenräumen sind es eher Dutzende bis ein paar Hundert, und das ist tagsüber wenig. Das beste Licht wäre also natürliches Licht am Tag, das mit etwa 6500 Kelvin diffus zum Fenster hereinscheint. Tages-Arbeitsplätze werden generell mit neutral- oder kaltweißen Farbtemperaturen von 4000 bis 7000 Kelvin ausgestattet. (Näheres zur Farbtemperatur siehe Anhang A1.)

Wenn die Sonne untergeht, ändert sich der Himmel auf eine wärmere Farbe (Abbildung 3). Das ist in der Natur das Signal dafür, die Aktivität zu wechseln. Genauso sollten wir am Abend den Farbton von 4000 Kelvin auf etwa 2700 Kelvin verschieben, zu noch späterer Stunde dürfen es dann auch 2000 Kelvin oder weniger sein (mehr darüber in Kapitel 2). Die gewünschte Verschiebung lässt sich erreichen, indem Lichtpaneele oder Leuchtmittel z. B. eine Mischung

Abb. 3: Natürliches Licht draußen. Heller Tag und dunkle Nacht enthalten vorwiegend blaues Licht, am Tag millionenfach heller als in der Nacht. Wirklich psychologisch warm ist das natürliche Licht nur in der Dämmerung.

aus zwei verschiedenen Leuchtdioden um 2000 und 5000 Kelvin enthalten, die man beliebig miteinander kombinieren kann. Auch die mobilen digitalen Arbeitsgeräte lassen heute alle eine Anpassung der Bildschirmfarbe nach Tageszeit zu, indem sie den Blauanteil in der Nachtzeit reduzieren.

Wenn aber ein Raum sowieso nie zum konzentrierten Arbeiten benutzt wird, kann man ganz auf kaltes Licht verzichten und nur eine warme Lichtquelle einsetzen (z.B. im Korridor, Schlafzimmer, Vorratsraum). Das wurde aus Gründen der Energieeffizienz und der Farbwiedergabe oft gerade umgekehrt gehandhabt. Wenn man jedoch die Effizienzsteigerung der letzten zehn Jahre und die im besten Fall durch Sensoren gesteuerte kurze Brenndauer oder Dimmung in die Betrachtung einbezieht, gewinnt vielleicht der angenehmere Farbton vermehrt wieder Anhängerschaft auch in Fachkreisen, zumal man damit weniger Nachtfalter oder Motten anziehen wird.

So viel Licht wie nötig, so wenig wie möglich

Wenn früher eine Glühbirne mit 30–60 Watt ausreichte, verkauft die Industrie immer noch gerne Leuchten mit 15–30 Watt Anschlussleistung. Durch deren Einsatz wird der Energieverbrauch halbiert, jedoch 11-mal mehr Licht erzeugt! Denn für gleich viel Licht wie früher wäre eine LED mit 4–7 Watt ausreichend. Unsere Vergleiche (2019) ergaben nämlich: ⅛ Energie für gleich viel Licht, 22-mal mehr Licht bei gleich viel Energie. Die Effizienzsteigerung der Technologie hat dieses Ungleichgewicht möglich gemacht. Heute wird auch kaum noch über Wattzahlen gesprochen, im Grunde müssen Sie nur noch Lumen einkaufen, wenn es um die Helligkeit geht. (Lumen ist die Einheit für

Lichtstrom, siehe Anhang A1.) Wenn Sie die Anzahl Lichtquellen ermitteln, die im traditionellen Sinn tatsächlich notwendig sind, also eine oder zwei Leuchten pro Raum, und diese Zahl mit 760 Lumen multiplizieren, erhalten Sie ein Lumen-Budget für Ihr Haus/Ihre Wohnung. Denn mehr Licht gaben Glühlampen durchschnittlich und aus Kostengründen selten her. Das Ziel sollte sein, dass nicht mehr Lichtstrom abgegeben wird, als es in den 1970er-Jahren möglich war, denn dann steigt die Lichtverschmutzung nicht immer weiter an. Wenn Sie also das nächste Mal im Geschäft stehen, um eine Lichtquelle zu ersetzen, überlegen Sie kurz, wie viele Leuchten es im Raum gibt, für den Sie die Quelle kaufen, und wie viele es traditionell gegeben hätte.

Ein Beispiel: Im Schlafzimmer gab es früher traditionellerweise eine Deckenlampe und zwei Nachttischlämpchen. Demnach ständen 3-mal 760 Lumen, also 2280 Lumen, zur Verfügung. Heute befinden sich hingegen oft zwei Lesespots und zwölf Deckenspots im Zimmer. Das Lumen-Budget, geteilt durch 14 Lichtpunkte, ergibt ein Guthaben von 160 Lumen für den Deckenspot, den Sie einkaufen. Exakt dieser Wert wird im Geschäft nicht vorrätig sein. Aber er ist ein Anhaltspunkt. Natürlich ergibt das ein uneinheitliches Bild in der Übergangsphase, wenn die Lichtmenge an einigen Stellen abnimmt, aber unsere Augen sind sehr tolerant, was die Lichtmenge betrifft, da wir Unterschiede erst ab einer Drittelung oder Verdreifachung bemerken und eine Halbierung oder Verdoppelung praktisch nicht auffällt. Wenn Ihre Installation dimmbar ist, können Sie auch höher gehen, z. B. dann, wenn jemand heruntergefallenen Schmuck oder Kontaktlinsen suchen muss, denn dann sind Sie wieder froh um mehr Lumen. Aber im Regelfall wird gedimmt, weil es gemütlicher ist.

Die Lichtfarbe

Und wenn wir schon beim Einkaufen sind: Legen Sie doch für jeden Raum die gewünschte Farbtemperatur fest. Im Schlafzimmer mögen Sie es gemütlich, daher wären wohl 2700 Kelvin das akzeptierbare Maximum (das Minimum bleibt Ihrem persönlichen Geschmack überlassen, vergleichen Sie im Geschäft verschiedene warmweiße Leuchten, z. B. von 1400 bis 2700 Kelvin). Für die Küche sind traditionell eher 4000 Kelvin für die Arbeitsflächen und 3000 Kelvin für den Esstisch üblich, aber beides könnte gut reduziert werden. Sie sollten sich darauf fokussieren, wann die Nutzung bei Kunstlicht stattfindet. Das ist in der Regel eher in den Morgen- und Abendstunden der Fall. Daher gilt es abzuwägen, ob das Licht eher wachmachen (4000 Kelvin oder mehr), ausgewogen sein (3000 Kelvin) oder nicht stressen (1800–2700 Kelvin) soll. Entscheidend ist dieses Thema aus physikalischen und ökologischen Gründen auch für den Außenraum (siehe Kapitel 4).

2 Mein Haus, meine Nachtruhe

2.1 Warum schlafen?

Die Bewegung des Mondes um die Erde und der Erde um die Sonne verändern durch das direkte und reflektierte Sonnenlicht die Beleuchtung auf der Erde stark zwischen Tag und Nacht, monatlich von Nacht zu Nacht und auch jahreszeitlich im Verhältnis zwischen Tag und Nacht, weil die Achse der Erde gegenüber ihrer Umlaufbahn geneigt ist.

Die unterschiedliche Stärke der Beleuchtung gibt den Lebewesen Gelegenheit, sich besser vor ihren Fressfeinden zu verstecken, indem sie nur während einem Teil der Zeit aktiv sind. Zudem spart eine Ruhephase enorm Energie, weil dann der Stoffwechsel einen Gang herunterschalten kann. So kann sich auch die Nahrungsaufnahme nur auf die aktive Zeit beschränken.

Wie wir wissen, haben sich die Lebewesen im Laufe der Evolution an die Umweltbedingungen – biotische wie abiotische – angepasst. Dementsprechend sind Bedürfnisse an die Wahrnehmung der Umgebung unterschiedlich und hängen u.a. von den Futterquellen, dem Aktivitätsrhythmus und den Beleuchtungsverhältnissen ab. Leben die Tiere in lichtlosen Höhlen, können Augen verkümmern und sogar ganz durch Tast- und Geruchssinn ersetzt werden. Manche Tiere haben Lichtquellen für die Kommunikation entwickelt, vorwiegend in der Tiefsee (z.B. Anglerfische, Leuchtquallen), es gibt sie aber auch bei Landtieren (z.B. bei Glühwürmchen und Pilzmückenlarven). Nachtaktive Arten verlassen sich teils auf alternative Ortungshilfen, so z.B. Fledermäuse, die Ultraschalllaute aussenden (Echoortung). Sie sind aber nicht blind. Andere haben einen Spiegel hinter der Netzhaut als Sehkraft-Verstärker, das sprichwörtliche Katzenauge, das auch bei anderen Säugetieren vorkommt. Oder ihnen helfen weite Pupillen und tiefe Augen für exaktes räumliches Sehen in der Nacht, wie etwa bei den Eulen.

Wenn die Nahrungssuche erfolgreich verlief und die weiteren Bedürfnisse befriedigt sind, ziehen sich die meisten entweder in eine angestammte Schlafhöhle oder in ihre Behausung zurück. Wenn sie nomadisch leben, bauen sie jeweils frisch einen Schlafplatz auf. Im Vorteil sind da Schildkröten, Schnecken und Muscheln, die ihr Mobilheim immer mit sich führen.

Die Schlafphasen der Tiere können dabei sehr kurz sein und im Halbschlaf stattfinden (Fluchttiere schlafen teils im Stehen, Delfine und Wale im Schweben oder Zugvögel während des Segelns) und entsprechen daher eher einem Nickerchen. Bei anderen Arten dauert die Schlafphase während Zeiten widriger Witterung mehrere Monate und überbrückt damit jene Periode des Jahres, in der die Nahrungssuche erschwert ist und auch keine Fortpflanzung möglich ist. Die meisten Tiere, die einen solchen Winterschlaf, eine Winterruhe oder eine Winterstarre durchmachen, senken während dieser Phase ihre Herzfrequenz, wodurch sie viel Energie sparen.

Wie auch immer die verschiedenen Tiere ihren Schlaf handhaben: Sie können ebenso wie der Mensch auf die Dauer nicht auf solche Erholungsphasen verzichten. Schlaf ist überlebenswichtig und wird körperlich unwiderstehlich eingefordert, wenn ihn die Umstände verzögern. Schlafentzug ist – außer im jugendlichen Leichtsinn – eine Folter.

2.2 Mensch und Schlaf

Tierbetreuende wissen, dass die Suche nach Bequemlichkeit keine Erfindung des Menschen ist: Auch Hunde und Katzen sowie viele Wildtiere richten sich gerne ein gemütliches Plätzchen für den Schlaf oder ein kurzes Nickerchen ein.

Sobald der frühe Mensch damit begonnen hatte, das erste Feuer für sich zu nutzen, muss ein entscheidender Wandel in seinem Schlafverhalten passiert sein. Von nun an war es möglich, gefährliche Tiere von fast jedem Schlafplatz fernzuhalten, solange das Feuer nachgeschürt wurde. Zudem spendete das Feuer in kalten Nächten Wärme, man konnte mit Rauch unerwünschte Plagegeister vertreiben oder sogar auf Distanz kommunizieren. Das Feuer bzw. die Feuerstelle ist eine kulturelle Errungenschaft, die jede soziale Gruppe fasziniert (denken wir an ein Treffen am Lagerfeuer). Der Schlaf in einer sozialen Gemeinschaft entspricht wohl am ehesten der frühesten Schlaftradition. Alle schliefen um das Lagerfeuer herum. Ob im Freien, in einer Höhle oder einem Zelt übernachtet wurde, solange die soziale Gruppe nomadisch unterwegs war, genügte ein Minimum an Ausrüstung.

Mit der Einführung des Ackerbaus wurde der Mensch sesshaft und es wurden Gebäude zum Schlafen und Wohnen errichtet. Je nach Bauweise wurde auch die Feuerstelle in das Gebäude hineinverlegt, aber zum Schlafen dienten wohl mehr Räume ohne offenes Feuer. Die Sicherheit vor potenziellen Angreifern wurde nicht mehr durch die Feuerwache garantiert, sondern durch die Tatsache, dass man sich von der Umwelt isolierte. Zwei der ältesten Holztüren Europas stammen von Pfahlbauten aus der Jungsteinzeit, sie sind im Landesmuseum Zürich ausgestellt und etwa 4500 und 5000 Jahre alt. Bisher hat man jedoch keinerlei Möbel aus dieser Zeit gefunden, so können wir vermuten, dass die Schlaflager aus natürlichen Materialien wie Fellen oder Pflanzenfasern bestanden, die nicht überdauert haben, und dass es damals noch keine Bettrahmen oder Liegen gab.

Spätestens seit der Antike sind Liegen und Bettgestelle bekannt. Das Bett im heutigen Sinne entstand hingegen erst im Mittelalter. Im frühen Mittelalter waren die Betten viel kleiner als heute und man schlief in einer halb aufrechten Sitzposition, auf Kissen gestützt. Der Historiker Roger Ekirch stellte fest, dass man im Mittelalter in der Nacht zweimal schlief [8, 9]. Nach einer frühen Bettruhe erholte man sich so weit, dass die Nacht (mehr-)stündig unterbrochen wurde – man war zu dieser Zeit selten allein im Schlafgemach, also unterhielt man sich, betete, vergnügte sich oder ging auf einen Rundgang.

Danach legte man sich wieder hin, bis der Tag dämmerte. Begüterte leisteten sich auch luxuriösere Himmelbetten, die vor Zugluft und Licht schützten.

Unser heutiges Schlafverhalten konnte sich erst durch das Kunstlicht (und den Wecker) entwickeln. Wer das Licht und die Geräusche beherrscht, kann den Tag verlängern und die Nachtruhe bis zum gewünschten Zeitpunkt hinauszögern: Es entsteht ein Schlafblock von ungefähr acht Stunden, der dieses an sich unnatürliche Verhalten kompensiert. Unsere Schlafdauer insgesamt hat sich im 19. Jahrhundert dadurch nicht verändert, aber der Tag wird fortan in einem Stück genutzt, wie es die zunehmende Industrialisierung erforderte.

Wenn Menschen ihrem natürlichen Körpergefühl folgen, gehen sie mit der Dunkelheit zu Bett und lassen sich am Morgen von der Sonne oder den Geräuschen und Klängen von Tieren wecken. Dabei erleben sie wieder, dass sie nicht durchschlafen, wie das im Mittelalter auch der Fall war.

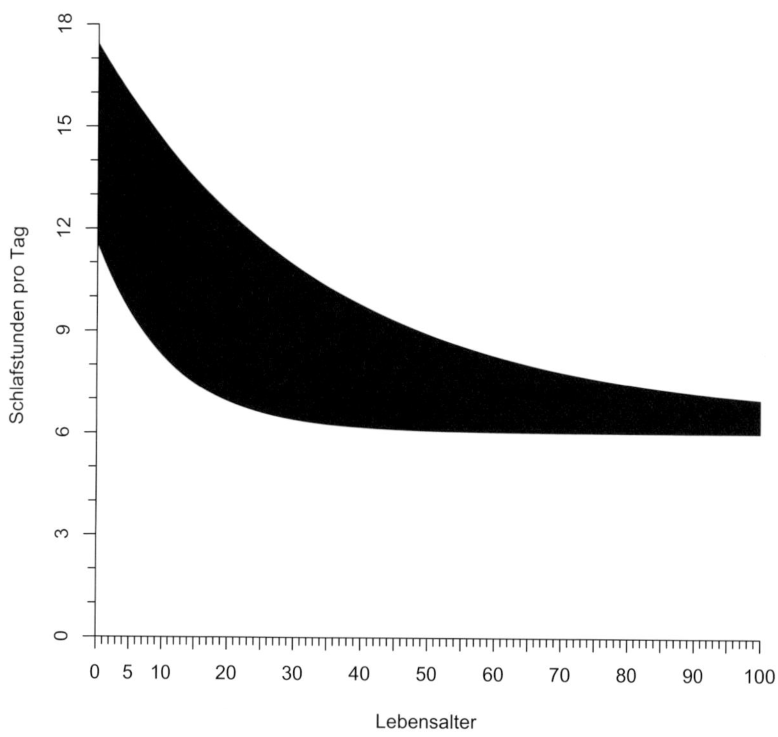

Abb. 4: Schlafbedürfnis und Schlafdauer sind stark vom Lebensalter abhängig.

Das individuelle Schlafbedürfnis ist jedoch unterschiedlich und hängt vom Lebensalter ab (Abbildung 4, [10]). Auch die Tageszeit spielt eine Rolle. Am

Morgen wird der Wachzustand durch das herandämmernde Tageslicht eingeleitet. Das Schlafhormon Melatonin nimmt ab und der Körper beginnt damit, seine Kerntemperatur wieder auf die Tages-Betriebstemperatur zu erhöhen. Cortisol wird in der Nebennierenrinde ausgeschüttet und bringt uns in Schwung. Das Stresshormon ist lebenswichtig, um unseren Blutzuckerspiegel hochzufahren, den Stoffwechsel anzuregen und den Blutdruck einzustellen.

Das Tageslicht ist hell; es überwiegt der Anteil von blauem Licht. Am höchsten ist der Blaulichtanteil im Frühling und am geringsten im Herbst, was von den Pflanzen als wichtige jahreszeitliche Signale für ihr Wachstum und die Fruchtbildung verstanden wird. Der Blauanteil sinkt in der Abenddämmerung, wenn die Sonne gelbliches Licht spendet und sich später oft sichtbar rötet.

Tiere und Menschen nehmen die Dämmerung als Signal zum Aktivitätswechsel wahr. Sobald das Lichtniveau unter etwa 100 Lux sinkt, beginnt beim Menschen eine Umstellung vom Tageslichtsehen auf das Dämmerungssehen, bei dem sowohl die Farbrezeptoren als auch die Hell-Dunkel-Rezeptoren aktiv sind. Bis etwa 1 Lux Beleuchtungsstärke bleibt das so. Sinkt der Pegel darunter, beginnt der Mensch vermehrt mit Hell-Dunkel-Rezeptoren zu sehen und zwischen 1,0 und 0,1 Lux ist dann irgendwann Schluss mit dem Farbsehen; nun sind alle Katzen grau.

Abb. 5: Ein traditionelles Lagerfeuer, eine Fackel oder Kerzenlicht enthalten nur wenig blaues Licht. In der Augenmedizin diskutiert man sogar mögliche heilende Effekte durch die unsichtbare Wärmestrahlung (IR), wie sie von der Sonne, Feuer und Glühlampen abgegeben wird. Erst die Gaslaterne und Gasentladungslampen (FL-Röhren und Energiesparlampen) und weiße LED haben kälteres Licht in unser tägliches Leben gebracht.

Die natürliche Dunkelheit pendelt innerhalb eines Monats von Sternenlicht bis Vollmond durchschnittlich zwischen 0,0007 und 0,26 Lux hin und her. Erst ab 0,03 Lux scheint ein Einfluss auf die Melatoninproduktion nachweisbar, erst ab 3 Lux ist der Einfluss auf die innere Uhr sehr wahrscheinlich und bei 30 bis 90 Lux erwachen alle Menschen (früher oder später). Das bedeutet auch, dass die meisten Menschen vom Vollmond nicht ernsthaft im Schlaf gestört werden. Es fällt ihnen beim Aufwachen mitten in der Nacht vor allem auf, wie natürlich hell es draußen geworden ist. Sie können sich am nächsten Morgen besser daran erinnern und über schlechten Schlaf berichten. Wachen sie in Neumondnächten auf, behalten sie keine Erinnerung daran. Man könnte sagen, der Vollmond neckt dich, aber er weckt nicht.

Der Vollmond am Nachthimmel hat übrigens eine Farbtemperatur zwischen 4000 und 5000 Kelvin, sein Licht ist somit wärmer als das der Sonne am Taghimmel mit etwa 5000–7500 Kelvin. Dennoch nehmen wir die Sonne gelblicher wahr als den silbernen Vollmond. Das liegt einerseits am Kontrast zum hellen blauen Taghimmel bzw. dem dunklen blauen Nachthimmel, andererseits vor allem an der geringeren Farbempfindlichkeit unserer Augen während der Nacht.

Sobald wir uns nachts Licht aussetzen, das hell genug ist, damit wir farbig sehen, würden uns die blauen Anteile der Lichtfarbe wieder wach machen, weil sie die Melatonin-Ausschüttung reduzieren oder unterdrücken. Daher ist im Polarsommer an regelmäßigen Schlaf kaum zu denken, es sei denn, es wird frühzeitig für vollständige Verdunkelung gesorgt.

2.3 Modernes Verhalten und Schlafhygiene

Wer sich gemeinsam bettet, muss sich auf ein Verhalten einigen, welches Störquellen wie z.B. Schnarchen, Leselicht, Wecker, Allergene, Haustiere, Mücken beseitigt. Getrennte Schlafzimmer sind eher ein Luxus, den wir uns einfach leisten, weil wir es können, aber sie entsprechen wohl nicht dem ursprünglichen sozialen Verhalten. Jedenfalls erleichtern sie der Einzelperson, sich jederzeit so zu verhalten und einzurichten, wie es ihr gerade passt. Wir tun uns jedoch keinen Gefallen, wenn wir das ausnutzen und dabei unseren Körper ausbeuten. Es ist unvernünftig, jede Nacht zum Tag zu machen.

Wie konnte es dazu überhaupt kommen? Mit dem Kunstlicht und der Industrialisierung begann die starke Nutzung der Nacht. Mit dem Einzug des Personal Computers im letzten Jahrhundert begann eine fortschreitende Digitalisierung in allen Arbeitsbereichen, die sich dank des (mobilen) Internets immer weiter auch in das Privatleben ausdehnte. Digitale Bildschirme und digitale Kommunikation haben in alle Lebensbereiche Einzug gehalten. Dadurch, dass Bildschirme jeder Tageslicht-Situation gerecht werden sollen, stiegen die maximalen Leuchtdichten; und wer nicht aktiv gegensteuert, erzeugt oder konsumiert in den Nachtstunden immer noch viel zu viel Licht, oft in Augennähe.

Wir sind draußen und oft auch drinnen ständig einem Strom von medialer Aufmerksamkeit und Werbung ausgesetzt. Selbst wenn wir uns noch davon abgrenzen können, wird im öffentlichen Raum immer mehr Platz dafür bereitgestellt, weil Behörden und Unternehmerschaft meinen, einen finanziellen Nutzen daraus ziehen zu können. Dabei wird vergessen, wie energieraubend die Kühlsysteme für die Bildschirme insgesamt sind und welchen potenziellen Schaden das Licht für die Psychohygiene und Gesundheit anrichten kann. Jeder Farbwechsel, jede schnelle Bewegung erregt unsere Aufmerksamkeit, ob wir es wollen oder nicht. Auch wenn wir dem nicht nachgehen und nicht konsumieren, was da für uns angerichtet ist, bleibt unterbewusst immer eine Überreizung haften, die mit in die Ruhephase genommen wird und die erst einmal in unseren Gehirnzellen (bewusst oder unbewusst) rekapituliert werden muss, bevor wir uns in einem gesunden erholsamen Zustand einfinden können.

Damit das Schlafhormon Melatonin seine stärkste Wirkung entfaltet und der Körper sich entsprechend erholt, müssen folgende Voraussetzungen erfüllt sein:

- Spätestens eine Stunde vor dem Schlafengehen gibt es keinen Konsum von kaltem oder Bildschirm-Licht mehr. Daher weißes Licht und Bildschirme ausschalten oder auf Nachtmodus einstellen, besser schon eineinhalb Stunden vor dem Zubettgehen damit anfangen.
- Im Schlafraum nur warme, dezente Beleuchtung verwenden; diese zum Einschlafen immer ausschalten. Selbst bei ängstlichen Kindern würden wir nur zu sehr schwachen Nachtlichtern greifen. Vielleicht lassen sich ängstliche Kinder auch durch ausgesuchte Gerüche und Einschlafrituale beruhigen.
- Kein Medienkonsum vor dem und zum Einschlafen (alles, was uns nicht bekannt und nicht monoton genug ist, könnte den Schlaf jederzeit stören, also niemals Radio hören oder Filme schauen, ausnahmsweise der Lieblings-Musik lauschen, aber sicher keine Anrufe oder Nachrichten erlauben, höchstens eine Notrufverbindung).
- Nachteulen sollten vor allem im Sommer den Raum gegen das morgendliche Sonnenlicht abschirmen, sodass sie auch verzögert aufwachen können und zu genügend Stunden Schlaf kommen. Und falls morgendliche Termine anstehen, sich die früheste denkbare Einschlafstunde aufzwingen, die tatsächlich funktioniert. Alles andere sorgt nur für quälende Liegestunden, die mehr schaden als nützen.

Unser körperliches Wohlbefinden wird durch die physiologischen Prozesse beeinflusst. So sinken bis um drei bis fünf Uhr morgens unsere Temperatur, unsere Atmung, unser Puls und die Aktivitäten unserer Organe auf ein Minimum. Wer dann wach bleibt oder aufsteht, muss aktiv dagegen ankämpfen und bezahlt es mit einem schweren Start in den neuen Tag.

Erfahrungen mit einem Schlafrhythmus von hoher Konstanz (immer zur selben Stunde ins Bett und x Stunden später definitiv aufwachen) sind ebenfalls sehr positiv. Die innere Uhr erinnert sich an das übliche Muster selbst dann, wenn zwischenzeitlich ein höchst unpassender Termin eingehalten werden musste. Das Aufwachen am darauffolgenden Tag verschiebt sich dadurch kaum.

2.4 Konflikte mit Störlicht von außen und innen lösen oder reduzieren

«Was du nicht willst, das man dir tu',
das füg auch keinem anderen zu.»
(Goldene Regel)

Außen

Straßenbeleuchtung, Sportanlagen, Leuchtreklamen, Schaufenster oder nachbarschaftliches Licht können wir nur bedingt direkt beeinflussen. Die erste Frage, die sich mit solchen Beleuchtungsanlagen stellt, ist daher: Stören sie mich, weil sie *mich* stören oder stören sie ganz allgemein? Oder anders gesagt: Empfinde ich sie als störend oder würden sie (alle) andere(n) auch stören? Wenn Sie sich mit der Beantwortung dieser Fragen unsicher sind, so bitten Sie Familienangehörige oder befreundete Personen um eine Zweitmeinung. Zwischen der empfundenen persönlichen Störung und der objektiv messbaren Störung gibt es nämlich einen Übergangsbereich, der leider gesetzlich nicht zugunsten der Personen geregelt ist, die eine Lichtquelle als störend empfinden. Es bereitet manchmal Sorge, wenn man feststellt, dass Menschen, die sich von einer Lichtquelle gestört fühlen, sich abschotten müssen, anstatt dass die Umwelt von der unnötigen Lichtquelle befreit wird.

Am einfachsten umzugehen ist mit Fällen, in denen die Notwendigkeit der Beleuchtung bestritten werden kann. Dies ist beispielsweise dann der Fall, wenn eine Lichtquelle besteht, ohne dass sie den ihr zugedachten Nutzen erbringt. In diesem Fall muss sie zur Nachtruhezeit ausgeschaltet werden. Die Normen und die Behörden legen in jedem Land eine Nachtruhezeit fest, die gemeinschaftlich anerkannt wird und die primär dem Ruhe- und Erholungsbedürfnis der Gesellschaft Rechnung trägt. Um auch vor störenden Lichtquellen zu schützen, orientieren sich Lichtplanerinnen und Lichtplaner daher meistens am Lärmschutz, da dieser meist gut etabliert ist. Zudem haben die meisten Gemeinden Bebauungspläne, die klare Vorgaben machen, welche Nutzungen zonenkonform sind und welche nicht. Grundsätzlich gilt also, dass mindestens von 22 bis 6 Uhr die Nachtruhezeit gilt, womit alles Licht, das keinem Sicherheitsbedürfnis dient, auszuschalten ist und das sicherheitsrelevante Licht immer dann reduziert werden kann, wenn keine Nutzung stattfindet. Konkret bedeutet dies:

- Der Lichtkegel der Straßenbeleuchtung hat nichts in Ihrem Schlafzimmer zu suchen und kann durch Blenden abgeschirmt werden.

- Es macht keinen Sinn, wenn die Sportanlage nach dem Training, wenn der Platzwart bereits aufgeräumt hat, noch weiter beleuchtet wird. Ebenso wenig ist es akzeptabel, wenn die Scheinwerfer während des Sportbetriebs beim Blick aus Ihrem Wohnzimmer stark blenden.
- Während der Nachtruhezeit stiften eine Leuchtreklame oder hell erleuchtete Schaufenster keinen Nutzen, wenn das Geschäft bereits geschlossen ist.
- Vermutlich möchte Ihre Nachbarin/Ihr Nachbar nur die empfundene Sicherheit um das eigene Haus erhöhen, hat aber gar nicht bedacht, dass die Beleuchtung Ihre Nachtruhe stören könnte.

Wir raten Ihnen selbst dann, wenn Sie bereits aus anderen Gründen im Streit mit den Betreibern der Lichtquellen sind, von keiner bösen Absicht auszugehen und mit guten Argumenten das Gespräch zu suchen. Die Umweltvorsorge fordert, dass Licht weder lästig ist noch stört. Führen die Gespräche zu nichts, können Sie immer noch die folgenden beiden alternativen Wege beschreiten:

- Sie appellieren an die zuständigen Behörden, Ihre (Wohn-)Raumaufhellung oder Blendung sei nach geltenden Regeln [11] zu hoch und man solle dafür sorgen, dass diese reduziert werde.
- Sie schicken sich in Ihr Schicksal und beschaffen sich bessere Fensterläden, Jalousien und/oder Nachtvorhänge.

Letzteres ist aus rechtlichen Gründen keine zwingende Maßnahme, sondern Ihre persönliche Notlösung, die weitere Verfahren erübrigt. Aber selbstverständlich hängt es von Ihrer Persönlichkeit ab, welcher Weg der angenehmere und zielführende für Sie ist. Aus Sicht des Umweltschutzes ist der erste Weg eindeutig zu begrüßen, da global gesehen nicht nur Sie von einer reduzierten Lichtverschmutzung profitieren. Wenn es im Einzelfall eindeutig um den Schutz gefährdeter Tiere geht, sprechen Sie am besten auch mit den lokalen Umwelt- und Naturschutzverbänden oder Fischerei- und Jagdgesellschaften; diese kennen die betroffenen Tiere sowie die Naturschutzgesetze Ihres Landes.

Innen

Einfacher als mit störendem Licht um das Haus ist es, störendes Licht im Haus zu bekämpfen. Die meisten elektronischen Geräte haben heutzutage irgendwelche ruhende oder blinkende Statusanzeigen, die signalisieren, was sie gerade tun oder wie es ihnen geht. Egal, welche LED-Farben das sind, nachts in einem dunklen Schlafzimmer sind sie meistens zu hell (Abbildung 6).

Abb. 6: Schlaftrunkener Blick auf eine Status-LED

Während des Schlafs sollte keine Lichtquelle leuchten. Die ganzen Kommunikationsanlagen befinden sich besser außerhalb des Raums, das Mobiltelefon mindestens im Flugmodus. In einem Hotelzimmer erblicken wir oft einen blinkenden Feuermelder oder ein TV-Statuslicht, das uns ärgert. Letzteres lässt sich leicht ausschalten oder zudecken, ersteres kann man nur ignorieren. Am schlimmsten ist es jedoch, wenn gerade vor dem Hotelfenster eine große Leuchtreklame die ganze Nacht brennt. Da hilft dann nur, die Vorhänge abzudichten, notfalls mit den Badetüchern, die zum Glück meistens zur Verfügung stehen.

Wenn Sie auch zuhause im Schlafzimmer nicht ohne Geräte mit Statusanzeigen auskommen, können Sie diese einfach mit schwarzen Masken abdecken. Sie können aus Karton, Papier und Klebeband, Kunststoff, Blech oder Holz bestimmt eine passende Lösung für jeden Fall herstellen, aber denken Sie daran, keine Lüftungsschlitze abzudecken.

Früher waren die Uhren der Radiowecker sehr hell. Da konnte sich glücklich schätzen, wer eine mit roter Anzeige besaß, die hat den Schlaf kaum beeinträchtigt. Heute verwendet kaum noch jemand selbstleuchtende Uhren, und wenn doch, dann reagieren diese inzwischen auf die Gestik und den Puls der Trägerinnen und Träger und leuchten immer oder aber nur nach Bedarf, ganz wie zur Nachtzeit erwünscht.

Wenn Ihnen der akustische Wecker auf den Wecker geht, suchen Sie ein Modell, das Ihre Schlafphasen berücksichtigt und Sie immer erst aus dem Leichtschlaf holen darf. Oder wechseln Sie auf eine langsam aufblendende Lichtdusche als wohltuende Alternative (künstlicher Sonnenaufgang).

2.5 Auf der gleichen Wellenlänge ankommen (menschenzentriertes Innenlicht)

Mit aus der Natur kopierten Lichtfarben können wir die Lichtwirkung der Beleuchtung an unsere biologischen Bedürfnisse anpassen. So ist es heute möglich, das Licht, das von draußen hereinkommt, zu messen und durch Beimischung von Innenlicht so zu verändern, dass wir drinnen bei Licht in Tageslichtqualität arbeiten können, auch wenn es draußen bewölkt ist. Bewährt haben sich großflächige Deckenpaneele für eine hohe Diffusion bei angenehmer Leuchtdichte ohne Blendung. Es gibt sogar spezielle Fenster für Innenräume ganz ohne Tageslicht, die hinter dem Glas mit Bildschirmen den Tag draußen simulieren. Die beliebteste Variante bringt viel natürliches Tageslicht in die Innenräume. Das hat den positiven Nebeneffekt, dass sich Zimmerpflanzen wohlfühlen. Der günstige Einfluss des Anblicks von frischem Grün auf uns Menschen ist seit Langem bekannt.

Die beste Lichtarchitektur in Innenräumen kann den Aufenthalt in der Sonne nicht ersetzen. Der Mensch deckt einen großen Teil seines Vitamin-D-Bedarfs durch Sonnenbestrahlung der Haut. Dem LED-Licht fehlt der

UV-B-Anteil, der die Bildung von Vitamin D aus den im Körper vorhandenen Vorstufen anregt. Bei allen technischen Vorkehrungen für gute Lichtarchitektur auch in Innenräumen müssen wir die vorhandenen Möglichkeiten nicht nur nutzen, sondern auch unser eigenes Verhalten mehr an unsere biologische Natur anpassen, damit wir am meisten von Leistungsfähigkeit und Gesundheit profitieren. Daher tagsüber tatsächlich mal rausgehen und Sonnenlicht für die Vitamin D-Produktion durch die Haut anregen. Sonnenlicht wirkt stimmungsaufhellend, weshalb vor allem Personen mit Anfälligkeit für Winterdepression sich einen kurzen Aufenthalt an der Sonne zur Gewohnheit machen sollten, sobald sie scheint. Selbst bei trüber Sicht lohnt es sich, mindestens eine halbe Stunde rauszugehen.

In Räumen ohne Tageslicht sollten wir die Lichtqualität von unserer Tätigkeit und der Tageszeit abhängig machen. Dimmbare LED mit unterschiedlicher Farbtemperatur bieten die Möglichkeit, bei Tageslichtfarbe von bis zu 6500 Kelvin zu arbeiten oder bei 1800 Kelvin auszuruhen und dazwischen so zu mischen, dass bei jeder gewünschten Tätigkeit immer angenehmes Licht herrscht.

Wenn die verwendeten Lichtquellen intelligent und programmierbar sind, können wir die Tageslicht-Kurve auch automatisch auf unseren Tag-Nacht-Rhythmus abstimmen, wie das bei Bildschirmen oft auch möglich ist.

3 Mein Haus, meine Ausstrahlung

3.1 Licht war lange Zeit ein Ausdruck von Luxus – das ändert sich nun

Wer die Energiekosten bezahlen kann, kann sich das Licht leisten. Direkte Kosten (für Leuchten und Lampen) oder indirekte (für Medien wie Öl, Wachs, Gas und Strom) haben über lange Zeit abgenommen. Daher wurde Licht immer erschwinglicher. Durch die sparsame LED wurde Licht vom Luxus zum Gemeingut. In Europa können sich praktisch alle eine Leuchte mit 3 Watt leisten, die bei Dauereinsatz Kosten von etwa einem Euro oder Franken verursacht und genügend Licht erzeugt, um sehen zu können oder gesehen zu werden.

Mehr Licht ist kein Zeichen von wirklichem Luxus mehr. Luxus liegt eher darin, Dunkelheit als wertvolles Gut zu erkennen und zu erhalten. Wenn die Ausstrahlung Ihres Anwesens nur noch blendet und die Nacht mit künstlichem Tageslicht überflutet, haben Sie persönlich gar nichts gewonnen. Ihre Nachbarschaft würde Protzerei oder Leichtsinn vermuten, kriminelle Geister überlegen sich, ob ein Einbruch bei Ihrer Abwesenheit durch die gute Orientierung nachts sogar einfacher wäre, Tiere flüchten aus Ihrem Garten in die Dunkelheit oder werden massiv angezogen wie die Motten. Sie selbst schlafen weniger gut, weil das zusätzliche Licht von außen auch nach innen wirkt.

3.2 Meine Visitenkarte bei Nacht

«In meiner Wohnung laufe ich nackt herum, wann ich will!»
(anonym)

In der Nacht erhält Ihre Wohnung oder das Haus ein ganz anderes Gesicht und mit jeder Beleuchtung in oder am Haus beginnt eine Inszenierung wie auf einer Theaterbühne. Auch Ihr beleuchteter Innenraum wird im Außenraum der Nachbarschaft sichtbar. Denn das Licht verändert die Wahrnehmung von außen, da helles Licht und Bewegung im Gesichtsfeld immer eine anziehende Wirkung auf uns Menschen ausübt und nachts die Spiegelung des Tageslichts in den Fenstern entfällt. Wegschauen ist immer eine bewusste Entscheidung, aber zuerst sind wir gezwungen, hinzuschauen, wenn wir Bewegungen wahrnehmen. Daher führt jede Beleuchtung, ob innen oder außen, unweigerlich dazu, dass nicht nur Sie mehr sehen können, sondern auch, dass Sie sich für alle anderen sichtbarer machen.

Es gilt daher abzuwägen, inwiefern Sie sich daran stören, wenn man nachts jederzeit von fern Ihren Besuch, Ihre Aufenthaltsorte und Ihre typischen Rituale sehen kann. Ein gesundes Selbstbewusstsein macht einen unempfindlich, aber wir erleichtern Spionage vor dem Einbruch und Voyeurismus, wenn wir alles beleuchten und Glasflächen freihalten. Jedenfalls erzeugen wir, solange wir Räume nicht verdunkeln, immer mehr Lichtteilchen, die den Innenraum verlassen oder schon an der Quelle im Außenraum ausstrahlen und zur allgemeinen Aufhellung der Nacht beitragen. Denn jedes Licht, das im Außenraum ankommt, wird mindestens indirekt die Umwelt mit aufhellen, die über Jahrzehnte so hell wird oder bereits geworden ist, dass wir den Sternenhimmel nicht mehr sehen können.

3.3 Architektur, Lichtplanung, Lichtdesign und Elektroplanung

Diese vier Branchen kümmern sich vor allem um das Aussehen und Funktionieren einer Liegenschaft bei Tag und Nacht. Nun ist es aber so, dass längst nicht alle Angehörigen der Berufsgruppen bestens über die geltenden Vorschriften und Normen zur Beleuchtung informiert sind. Es treten jedes Jahr neue Bestimmungen in Kraft, in allen möglichen Bereichen. Vor allem wechseln die Energievorschriften alle paar Jahre (denken Sie z.B. an die Energieverbrauchskennzeichnung/Energielabel/Energieetikette). Daher liegt es an Ihnen als Bauherrin oder Bauherr, auf der Einhaltung von aktuellen (vorbildlichen) Normen und Empfehlungen beim Licht zu bestehen (siehe Anhang A2). Leider dürfen wir keine automatische Berücksichtigung der neuesten Normen durch alle Berufsgruppen voraussetzen, obwohl es ihre Pflicht wäre. Unterlassungen beim Licht taten bisher scheinbar weniger weh als andere Bausünden. Eine Recherche bezüglich Referenzprojekten und deren Besichtigung nach Vereinbarung mit den Besitzerinnen und Besitzern schadet nie und ein realisiertes Projekt bei Nacht «schummelt» nicht. Außerdem unterscheiden sich die Vorschriften je nach Wohnort bezüglich Bauzonen und Nachtruhezeiten (jeweils durch die Gemeindebehörden festgelegt). Solange Sie die geltenden Vorschriften einhalten, bestimmen Sie den Rahmen und die Fachleute müssen Ihre Wünsche umsetzen.

Sich gegen zu viel Licht wehren, ist erlaubt

In keinem Staat gibt es eine Beleuchtungspflicht auf Privatgrund. Ihr Anrecht auf Dunkelheit ist daher in allen deutschsprachigen Ländern gegeben. In allen drei Ländern wurde die Empfehlung der Bund/Länder-Arbeitsgemeinschaft Immissionsschutz aus Deutschland zur (Wohn-)Raumaufhellung übernommen und in Normen und Empfehlungen integriert. Zu viel Licht, das den Schlaf stört, sollte daher nirgends zum Fenster hereinscheinen. Solches Recht gilt selbstverständlich in beide Richtungen. Sowohl Ihr Schlaf als auch derjenige Ihrer Nachbarinnen und Nachbarn ist gleich viel wert.

Ein zusätzlicher Aspekt ist die Blendung. Blendende Leuchten sind absolut nicht notwendig und vermeidbar. Daher darf sich jede und jeder dagegen wehren und das Ausmaß der einsehbaren Blendung muss geprüft und auf die Umgebungszone abgestimmt, das heißt, an die Siedlungsstruktur angepasst werden.

3.4 Meine Ausstrahlung für die Katz und andere Tiere?

Licht wird immer mehr zum Spielball der Interessen der Industrie und des freien Handels und muss mit Nachdruck in guter Ausführung eingefordert werden. Sonst passiert es, dass schlechte Produkte aus dem Baumarkt sowohl die Besitzerinnen und Besitzer als auch die Nachbarschaft und sowieso die Tiere und Pflanzen bei Nacht auf vielfältige Art und Weise stören. So kommt es beispielsweise immer wieder vor, dass ein billiges kleines Flutlicht an einer Hausfassade montiert wird, um die Einfahrt beim Betreten zu beleuchten. Dessen Sensor reagiert dann aber nicht nur beim Betreten der Einfahrt, sondern auch dann, wenn jemand an der Einfahrt vorbeigeht. In der Folge leuchtet das Flutlicht während der dunklen Stunden alle paar Minuten auf – meistens vollkommen umsonst. Häufig an- und ausgehende Lichter nerven stärker als ruhige oder dunklere Beleuchtungen.

Sobald Licht im und ums Haus die Nacht erhellt, trägt es zu einer möglichen Desorientierung von Tieren und Pflanzen bei. Jedes Lebewesen auf der Erde besitzt zahlreiche innere Taktgeber, die die Stoffwechselvorgänge aufgrund der Wirkung von Tages- und Nachtlicht in einen geordneten zeitlichen Ablauf synchronisieren. Daher ist es unserem Körper nicht egal, wann wir essen, schlafen und arbeiten. Wir können zwar durch die Wirkung von Licht unsere Rhythmen aus dem Takt bringen und unser natürliches Verhalten kurzfristig übersteuern, jedoch gerät dann die innere Synchronisation der Körperzellen aus dem Gleichklang und schafft langfristig gesundheitliche Probleme [12].

Tiere und Pflanzen besitzen teils noch mehr lichtempfindliche und andere Rezeptoren als wir Menschen. Zum Beispiel sehen viele Vögel, Reptilien oder Spinnen mehr Lichtfarben oder können sogar die Polarisation von Licht und das Magnetfeld der Erde erkennen. Umgekehrt reagieren Tiere und Pflanzen unweigerlich auf Licht, ohne dass sie sich gegen diese Übersteuerung wehren können. So ist nachweisbar, dass die meisten Schäden an Pflanzen durch Kunstlicht dadurch entstehen, dass das Kunstlicht eine andere Jahreszeit vorgaukelt, als tatsächlich herrscht; die Pflanzen sprießen dann zu Unzeiten, bilden Blätter aus, blühen oder fruchten, und dies zu Jahreszeiten, wo mit Kälte, Forst, Trockenheit oder Nässe gerechnet werden muss. Es gibt Tierarten, die von Licht magisch angezogen werden (viele Insekten und Zugvögel). Davon profitieren viele Spinnen und vier Fledermausarten [13] (Zwergfledermaus, Weißrandfledermaus, Rauhautfledermaus und Großer Abendsegler), die lichttolerant sind und sich bei den Lampen an den eingefangenen Insekten satt fressen. Während Zugvögel durch Licht desorientiert werden, mit Hochhäusern kollidieren oder sogar wegen Licht landen, weil sie in Spiegelungen Wasserflächen vermuten, wird bei brütenden Vogelarten der Schlaf beeinträchtigt; sie singen zu früh in beleuchteten Gärten und ernähren sich nicht mehr zeitgerecht oder ziehen Nachwuchs zu früh auf, der dann teils hungert, weil die Nahrungsquellen noch nicht verfügbar sind. Die Beleuchtung in der Nacht wirkt sich auch auf überwinternde Vögel aus, die nicht zur Ruhe kommen und dadurch unnötig viel Energie verbrauchen [14]. Man kann kein für uns Menschen sichtbares Licht erzeugen, das Vögel nicht auch sehen können. Gerade weil viele Tieraugen empfindlicher und besser als unsere sind, sollten wir der Natur mehr Dunkelheit gönnen, um sie weniger zu beeinflussen.

3.5 Einfach umsetzbare Empfehlungen

Innenraum
Keine Lampe sollte tiefer von der Decke hängen als die höchste Oberkante der Fenster im selben Raum. Wenn Fenster bis an die Decke reichen, müssen die Lampen in die Decke eingelassen werden. Ziel ist, dass *keine direkten Lichtstrahlen horizontal oder nach oben gerichtet* unser Haus verlassen. Aus demselben Grund sollten Steh- und Tischleuchten immer eine Abschirmung haben, die direktes Licht zum Fenster hinaus verhindert.

Fenster, Wintergarten, Glasfronten
Wo wir uns aufhalten, machen wir Licht nach Bedarf; wenn wir den Raum verlassen, löschen wir es. Um unsere Aufenthaltsqualität zu erhöhen, stellen wir uns drei Fragen:

- Macht es uns etwas aus, wenn wir beobachtet werden?
- Wollen wir den sichtbaren oder dunklen Außenraum lieber ausblenden?
- Stören uns die Reflexionen des Innenraums in den Fensterscheiben?

Wenn nur eine der Antworten «Ja» lautet, müssen wir blickdichte Rollläden, Jalousien, Vorhänge, Fensterläden oder Ähnliches schließen können und, falls sie nicht vorhanden sind, noch beschaffen.

Außenraum
Der Außenraum ist kein Wohnzimmer, auch wenn Ihnen Architektinnen und Gartenplaner das einreden möchten. Daher bepflanzen Sie ihn nicht mit Leuchten, sondern setzen Licht gezielt nur dann und dort ein, wo Sie es tatsächlich benötigen. Das bedeutet nicht, dass nur mobiles Licht funktioniert. Im Gegenteil: Es ist doch viel *besser*, wenn an den typischen Aufenthaltsorten je eine passende Lichtquelle nach Bedarf verfügbar ist, die Sie aber automatisch oder manuell einschalten und die sich wieder ausschaltet, wenn Ihr Aufenthalt vorbei ist. Ihre Nachbarschaft, Pflanzen und Tiere sowie der Sternenhimmel benötigen Ihr Licht nicht – vor allem dann nicht, wenn Sie es selbst nicht brauchen.

4 Meine gute Außenbeleuchtung

Wenn Sie ein Eigenheim besitzen, dann werden Sie auch Licht für den Außenraum einkaufen, z.B. für den Hauseingang. DarkSky International empfiehlt seit 2021 für den Außenraum eine Beleuchtung von maximal 2200 Kelvin. Ein typisches Eigenheim-Grundstück verfügt in der Regel nur über einen eher kleinen Außenbereich. Meistens reicht es für einen Balkon oder Sitzplatz, manchmal kommen ein kleiner Garten, eine Zufahrt oder ein Gehweg hinzu. Ein großes Anwesen hat mehr Fläche und Bereiche für Freizeitaktivitäten. Die Ansprüche an eine gute Außenbeleuchtung sollte aber in beiden Fällen dieselbe bleiben: Das Licht muss uns dienen – möglichst ohne uns, die Nachbarschaft und die Umwelt zu stören.

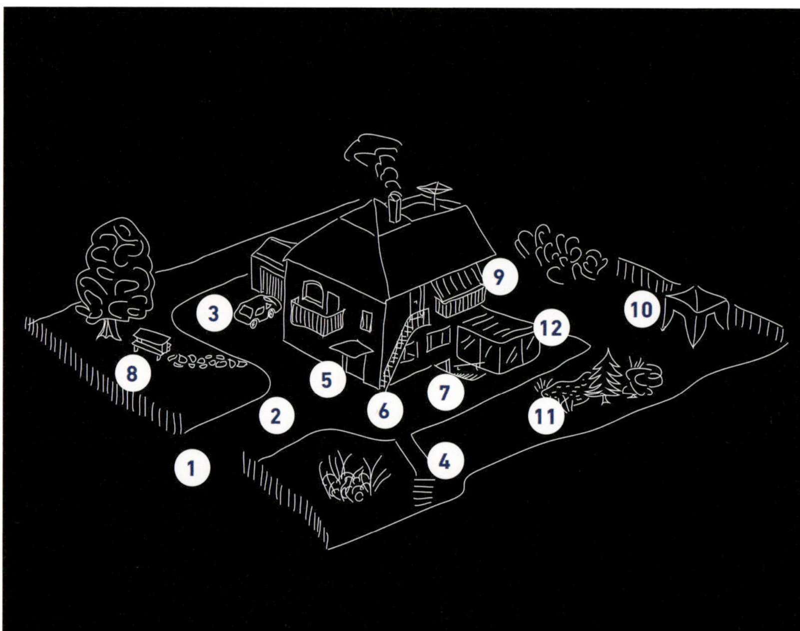

Abb. 7: Vogelschau auf ein Anwesen – schematisch: **1** Grundstückseinfahrt, **2** Zufahrt, **3** Garageneinfahrt, **4** Gehweg/Treppen, **5** Haupteingang, **6** Nebeneingang, **7** Kellerzugang, **8** Sitzplatz, **9** Balkon, **10** Freizeitnutzung, **11** Grünbereich/Garten, **12** Wintergarten

Licht für uns zum Sehen

- Licht auf Gehwegen und Treppen dient zur Orientierung.
- Licht am Hauseingang dient zur Erkennung von Personen und der Hausnummer.
- Licht für Sitzplatz oder Balkon dient dem Aufenthalt.

- Licht an der Garageneinfahrt und weiteren Eingängen unterstützt die Bedienung der Türen.
- Licht für Freizeitanlagen dient dem Spiel und dem Aufenthalt im Freien.

Dunkelheit für die Natur und unsere Naturverbundenheit
Jedes Lebewesen auf diesem Planeten hat ein natürliches ursprüngliches Anrecht auf Dunkelheit, das auch ohne Gesetzesparagrafen gilt. Wir Menschen genießen die natürliche Dunkelheit für die Betrachtung des Universums, für ruhiges Nachdenken und Philosophieren oder für ein romantisches Treffen. Unsere Vorfahren haben das Sternenzelt vor allem auch zum Weissagen, für das Ablesen der Jahreszeiten und der Uhrzeit und für die Navigation benutzt.

4.1 Mein Licht wird jetzt genutzt

Als die Lichtquellen selbst und ihr Betrieb noch teuer waren, hat niemand Licht ohne Bedarf brennen lassen. Damit die endlichen Rohstoffe unseres Planeten nicht unnötig ausgebeutet werden, sollten wir wieder dazu übergehen, Licht nur dann einzuschalten, wenn wir es tatsächlich benötigen. Daher lohnt es sich zu überlegen, zu welchem Zweck und wann und wie lange wir Licht im Außenraum brauchen. Licht, das wir selbst benötigen, wollen wir vielleicht selbst einschalten, aber wenn wir vergessen, es auszuschalten, und den Außenraum verlassen haben, soll es sich automatisch ausschalten. Wenn Besuch von außen kommt, soll das Licht automatisch den Weg weisen und uns erkennen lassen, wer vor der Türe steht. Das ist heute technisch alles möglich. In Kapitel 5 gehen wir auf die Vor- und Nachteile der zeitlichen und dynamischen Steuerung ein.

4.2 Mein Licht gehört mir (und nicht der Nachbarschaft)

Ein Grundstücksbesitz gibt einem das Nutzungsrecht für Grund und Boden auf einem klar begrenzten, vermessenen Areal. Private Grundstücke dürfen unter Wahrung der Privatsphäre überflogen und untertunnelt werden, ohne dass das Privatrecht verletzt wird, sonst müsste einem der Kegel bis zum Erdmittelpunkt und die Luftsäule bis ins All hinaus gehören. Das wäre absurd und würde Verkehrsmittel behindern. Wir können aber nicht davon ausgehen, dass wir den Raum ober- und außerhalb des Grundstücks beliebig für Licht nutzen dürfen. So sind z. B. Skybeamer und Laser fast in jedem Fall verboten (Behinderung der Luftfahrt und des Vogelzugs, Gefährdung des Augenlichts) und jede Art von Werbung ist bewilligungspflichtig, weil sie dazu dient, die Menschen auf öffentlichem Grund auf sich aufmerksam zu machen, das Licht also den Privatgrund verlässt und einen gesteigerten Gemeingebrauch darstellt.

Abb. 8: Lichtstrahlen, die auf keine festen Hindernisse treffen, steigen über der Erdkrümmung in der Luft über den Horizont an, bis in die höhere Atmosphäre, und hellen die Luft bis maximal etwa 200 Kilometer Entfernung durch Streulicht mit auf. Dabei wird kurzwelliges blaues Licht seitlich stärker gestreut als langwelliges rotes Licht, weshalb uns der Himmel blau erscheint. Licht, das an Wassertröpfchen von Feuchtigkeit, Nebel und Wolken reflektiert, behält dagegen seine ursprüngliche Farbe.

Abb. 9: Der Blick von oben auf das von unten beleuchtete Nebelmeer zeigt deutlich, welche Dörfer welche Lichtquellen nutzen.

Wenn unsere eigenen Lichtquellen vom Nachbargrundstück aus sichtbar sind, senden wir also direkte Lichtstrahlen über unser Grundstück hinaus dorthin. Eine bewilligte Leuchtschrift Ihrer Geschäftsliegenschaft macht zu den Öffnungszeiten Sinn für die Nutzerinnen und Nutzer auf öffentlichem Grund und Ihrem Grundstück, die Nachbarschaft stört sie hingegen höchstens und ist damit Verschwendung von Lichtenergie.

Auch wenn das Licht also Ihnen gehört und Sie fast frei sind in dessen Nutzung, sind Sie moralisch verpflichtet, dafür zu sorgen, dass es nur die tatsächlichen Nutzflächen beleuchtet, die für den Nutzen relevant sind. Achten Sie dabei darauf, dass das Licht:

- nach unten und nicht über den Horizont hinaus strahlt,
- nicht blendet und
- keine benachbarten Wohnräume störend aufhellt.

Hauseingang

Nehmen wir z.B. eine in der Nähe der Hausfassade angebrachte Lichtquelle für den Hauseingang. Im besten Fall dient sie gleichzeitig Folgendem:

- Erkennen des Hauseingangs
- Erkennen des Schließmechanismus der Türe
- Erkennen von Besuch (ob erwünscht oder unerwünscht)
- Signalisieren der Hausnummer für Botinnen und Boten (wenn möglich schon vom Zufahrtsweg aus)
- Sichtbarkeit des Bodens im Nahbereich (Podest/Treppenabsatz/Gehweg)

Dazu reicht es aus, wenn die Quelle den Nahbereich aufhellt, solange sich jemand dort aufhält – sagen wir für maximal 5 Minuten. Das reicht für den Austausch mit Lieferantinnen und Lieferanten, um sich auf dem Absatz die Schuhe zu binden usw.

Wie könnte also so eine Lösung aussehen?

Eine Wandleuchte hilft Ihnen, die Besucherinnen und Besucher zu erkennen, jedoch nicht Ihrer Nachbarin/Ihrem Nachbarn, da diese nur Silhouetten wahrnehmen. Im Falle eines Einbruchs wird das zum Nachteil. Hat der Hauseingangsbereich ein Vordach, ist es einfacher. Unterhalb der Decke lässt sich Deckenlicht anbringen, das gegen außen so weit abgeschirmt wird, dass eine Verbindungslinie der Gegenkante der Leuchte über die Kante der Abschirmung jeweils den Außenbereich der Nutzfläche berührt, aber nicht darüber hinaus reicht. Dabei ist es wichtig, Licht rund um die Personen im Gespräch am Hauseingang zu verteilen, damit die Lichtstrahlen die Gesichter aufhellen, sie sich also wie vor dem Badezimmerspiegel gut erkennen lassen. So werden die Besucherinnen und Besucher von vorne und hinten beleuchtet, ob Postbotin oder Einbrecher. Die Leuchten dürfen jedoch nicht blenden. Sie sollen den Blick nicht auf sich lenken, denn dann erfüllen sie ihren Zweck schlechter. Technisch gibt es verschiedene Lösungen, die mit gut abgeschirmten Punktlichtquellen oder flächigen Panels arbeiten. Gemeinsamkeit sind Blendearmut bei genügender Lichtstärke. Unser Ziel muss sein, dass man die Lampen erst sieht, wenn man schon auf dem Weg zum Hauseingang ist (also in der Nutzfläche) steht.

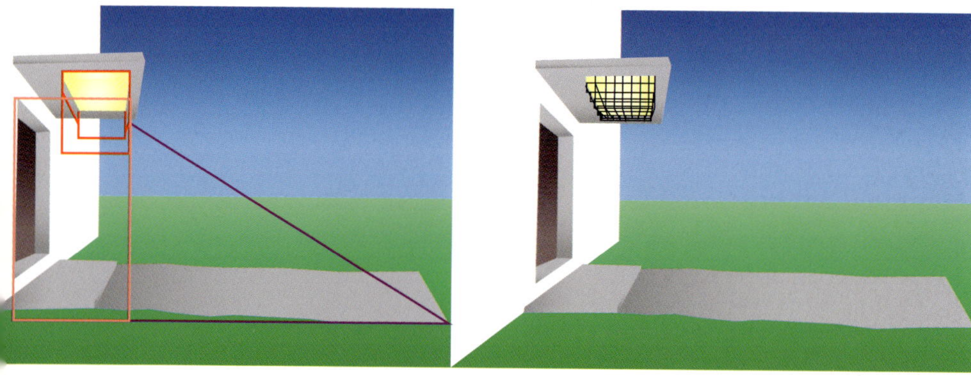

Abb. 10: Eingangsbeleuchtung. Links: Maximale Abschirmung gegenüber Nutzfläche (rot). Lichtraum (orange) und Halbschattenraum (violett). Rechts: Gerasterte Abschirmungen sind genauso wirksam (nur als Gitterlinien gezeigt, sonst würden wir die Lampe gar nicht sehen).

Wenn die nicht abgeschirmte Gegenkante der Leuchtfläche unter der Abschirmung Licht abgibt, reicht bis dahin der Halbschatten der Lichtquelle. Im Bereich bis zur Abschirmung nimmt das Licht immer mehr zu, bis es unter der Quelle das Maximum erreicht. Wenn die Leuchtfläche zu groß ist und die Abschirmung daher viel zu tief hängen würde, kann man einfach die Leuchtfläche in kleinere Rasterzellen einteilen, die dieselben geometrischen Ansprüche an die Abschirmung erfüllen (siehe Abbildung 10 rechts). So gelingt es, eine Abschirmung zu wählen, die funktioniert. Abschirmungen können lichtundurchlässig sein, aber weiß bleiben. So geht nicht viel indirektes Licht verloren und die Stärke kann gedimmt werden, womit der Verbrauch der Lampe sinkt und die Lebensdauer steigt. Oder wir wählen mattschwarze Blenden und reduzieren das indirekte Licht, sodass die Abschirmung komplett wirksam bleibt. Die Leuchte wird so im Betrieb nahezu unsichtbar, außer man steht im direkten Licht.

Weitere Gehwege und Treppen

Früher hat man diese Bereiche kaum je separat beleuchtet. Das zusätzliche Licht ist nur dann notwendig, wenn das Licht vom Hauseingang oder von der öffentlichen Beleuchtung von außerhalb des Grundstücks nicht ausreicht, um sich zu orientieren. Falls Sie eine Notwendigkeit sehen, dann vielleicht im Eingangsbereich des Grundstücks mit Briefkasten oder wegen allfälliger Stolperfallen (unebene Bodenplatten, Treppen).

Wir raten entschieden davon ab, ebene Gehwege auszuleuchten, welche sich bereits durch hellere Beschaffenheit gut vom restlichen Gelände abheben und daher auch im Dunkeln genügend sichtbar bleiben. Bei Treppenstufen kann man sich mit weißen Sicherheitslinien oder nachtleuchtender Farbe zu diesem Zweck behelfen; und wenn das nicht ausreicht, kann man sich die Beleuchtung ins Treppengeländer oder in die seitliche Wand einbauen lassen. Dabei ist darauf zu achten, blendfreie, gut abgeschirmte Varianten zu wählen.

Abb. 11: Eine Außentreppe mit weißen Streifen.

Garagentor, Nebeneingänge
Sorgen Sie dafür, dass Sie die Schlösser erkennen, alles Weitere zu beleuchten, ist unnötig. Wenn das Restlicht nicht ausreicht, genügt ein Minispot mit Sensor.

Sitzplatz, Balkon
Früher gab es in diesen Bereichen kein zusätzliches Licht. Oft behalf man sich mit einer Kerze. Müssen Sie nachts dort die Zeitung lesen können? Ist es nicht sinnvoller, wenn Sie sich eine mobile Lichtquelle anschaffen, die angenehm anzuschauen ist und ausreichend Licht gibt, um dort Ihren Feierabend oder ein Fest zu genießen? Wenn Sie auf einem fest installierten Licht beharren, dann kommen nur zwei Varianten in Betracht:

- Ein mittiges Deckenlicht in der Dachkonstruktion, das wiederum den Tisch und die Nutzfläche, aber nicht den Garten beleuchtet, oder
- eine Wandleuchte, die nach oben und vorne abgeschirmt ist, sodass sie dezent die Fläche um den Tisch beleuchten kann, ohne zu blenden. Der Nachteil dieser Lösung ist, dass Sie sich beim Dinner so richtig in Szene setzen wie die Figuren im Schattentheater.

Freizeit und Spiel
Verfügen Sie über eine Außenanlage, die Sie regelmäßig im Dunkeln für Freizeit und Spiel nutzen? Licht macht für größere Sportanlagen Sinn, wie Tennisplätze, Swimmingpools, Reitplätze usw., und ist wie die Anlage selbst bewilligungspflichtig. Aus Sicherheitsgründen und um die Bewegungen

gut zu sehen, ist in den Normen für sportliche Aktivitäten (EN 12193) entsprechend viel Licht vorgeschrieben. Die Abschirmung ist daher enorm wichtig, die Lichtquellen dürfen nicht über Horizont strahlen und sollen nur die Nutzfläche beleuchten.

Für alle verbleibenden sportlichen Aktivitäten im kleineren Rahmen verlässt man sich lieber auf das Tageslicht. So würde zum Beispiel selbst ein Tischtennistisch nachts derart viel Licht voraussetzen, um die schnellen Bälle überhaupt gut sehen zu können, dass wir es besser gleich lassen sollten.

Wenn Sie nicht über eine feste Anlage zum Spielen verfügen, macht fest installiertes Licht auch keinen Sinn. Für das eine Sommer- oder Geburtstagsfest im Jahr, bei dem Sie im Garten nachts noch Boule, Pétanque, Boccia oder Kubb spielen wollen, können Sie auch gut mit mobilem Licht (Girlanden, Campingleuchten, Fackeln, Kerzen) auskommen.

4.3 Mein Licht lässt alle gut schlafen

«Licht ist Lärm fürs Auge.»
(Moritz Leuenberger)

Das Schlafbedürfnis ändert sich im Verlaufe des Lebens sehr. Denken wir nur an nachts durchschlafende Säuglinge, durchfeiernde Teenager oder Seniorinnen und Senioren, die über Bettflucht klagen. Daher kann man nie davon ausgehen, dass alle in der Nachbarschaft dasselbe Schlafverhalten zeigen.

Wie wir bereits in Kapitel 2 gesehen haben, sind viele biologische Prozesse in unserem Körper tageszeitlich synchronisiert. Von diesen biologischen Zyklen hängt ab, wie der Körper im Großen und Ganzen in Bezug auf Stoffwechsel und Verhalten funktioniert.

Zu den guten Gewohnheiten vor dem Schlafengehen gehört es, den Aufenthalt im Licht oder die Lichtstärke am Abend zu reduzieren und sich mindestens 30 Minuten vor dem Schlafengehen vollständig von elektronischen Geräten zu trennen. Das bedeutet, dass Sie nicht mehr auf Ihr Handy schauen und nicht mit einem leuchtenden E-Reader lesen sollten.

In der Nachtruhezeit soll kein Licht brennen, das nicht einem unmittelbaren Zweck dient. Daher ist Licht im Außenraum zwischen 22 und 6 Uhr nur noch nach Bedarf zu erzeugen, man schaltet es bewusst ein und aus (und wenn man letzteres vergisst, übernimmt das ein Automat) oder es wird automatisch beim Betreten ein- und beim Verlassen ausgeschaltet. Dennoch wird es immer Licht geben, das auch während der Bettruhe von jemandem brennt, denken wir z. B. an eine Erstklässlerin, die um 20 Uhr ins Bett geht.

Es gibt Situationen, in denen die Menschen nachts hellwach sind: Studierende bereiten sich auf Prüfungen vor oder es findet eine Party mit Freunden statt. Wie wir wissen, sind alle verpflichtet, die Ruhezeit in der Nacht einzuhalten, aber wir vergessen oft, dass auch Lichter eine Quelle der Störung sein können. Innenbeleuchtung kann ebenso eine Quelle der Lichtverschmutzung sein wie die Außenbeleuchtung (siehe auch Kapitel 3). Denken Sie an die Helligkeit Ihrer Deckenlampen – sie sollen einen Raum fast so hell machen, wie er tagsüber ist. Dieses Licht dringt ungehindert durch die Fenster ins Freie. Das Herunterlassen der Rollläden und Schließen der Vorhänge in der Nacht sind nur zwei der Möglichkeiten, auf die Bedürfnisse der Nachbarschaft und der Natur nach einer ruhigen, dunklen Nacht Rücksicht zu nehmen. Wenn Sie nachts nicht schlafen können, lassen Sie wenigstens die anderen schlafen. Genau deshalb plädieren wir für gute Lichtqualität:

- So wenig Licht wie nötig und
- so wenig schlafstörend wie möglich.

4.4 Ziel: Kein Licht stört Tiere und Pflanzen

Wenn wir kein Licht im Außenraum erzeugen oder in den Außenraum entlassen, bleiben die Tiere und Pflanzen unbehelligt. Sobald wir jedoch Lichtteilchen (Photonen) in den Außenraum strömen lassen, werden diese immer direkt oder indirekt auf Pflanzen oder Tiere treffen.

Sonne, Mond und Sterne sind auch hell, warum also stört das Kunstlicht? Alle Organismen auf der Erde sind dem täglichen, monatlichen und jährlichen Wechsel der Lichtverhältnisse ausgesetzt. Bevor der Mensch zusätzliche Lichtquellen schuf, waren die natürlichen Lichtquellen die einzigen vorhandenen Taktgeber und dien(t)en vielen Arten der Orientierung. Ein paar Beispiele:

- Tannenschösslinge sprießen im Lichtkegel zu früh und erfrieren wegen Frost, Nadeln gehen verloren, Äste erscheinen dürr.
- Bäume verlieren die Blätter im Lichtkegel im Herbst viel zu spät und verlieren damit wichtige gespeicherte Nährstoffe, die nicht rechtzeitig vor dem Winter aus dem Blatt gezogen werden.
- Solarlampen vertreiben bodenlebende Gliederfüßer (Hundert-/Tausendfüßer, Asseln usw.). Diese Nahrung fehlt den Spinnen, die Spinnen wiederum fehlen den Vögeln.
- Schnecken legen in beleuchteten Gärten weniger Eier, haben weniger Nachkommen, die dann dem Igel und den Glühwürmchen nicht als Nahrungsquelle zur Verfügung stehen.
- Große Glühwürmchen sterben aus, weil sie im hellen Licht die leuchtenden Partnerinnen nicht sehen.
- Brutvögel werden eher krank, weil sie wegen zu viel Licht aktiver sind und Schlafmangel erleiden.
- Zugvögel verlieren die Orientierung über beleuchteten städtischen Gebieten, werden vorwiegend bei schlechter Sicht (Nebel) angezogen und können mit hohen beleuchteten Gebäuden (z. B. Hochhäusern) kollidieren.
- Lichtscheue Fledermäuse fliegen nicht über weiß beleuchtete Straßen.
- Bei Licht verzögern einige Fische die Nahrungssuche und leiden an Hunger.

Wo ist das Dunkel hin?

Die natürliche Dunkelheit ist in Europa in diesem Jahrhundert mehrheitlich verschwunden, die Milchstraße ist für 80 Prozent der Europäerinnen und Europäer unsichtbar geworden, in 30 Jahren wurden 75 Prozent der Biomasse der Insekten in Naturschutzgebieten vernichtet. Es ist höchste Zeit, das Rad zurückzudrehen.

Wenn früher am Hauseingang eine einzige Glühbirne mit 700–800 Lumen brannte (60 Watt), so sollte nun unser Ziel sein, mit ebenso wenig Licht im Außenraum auszukommen, indem wir die stärkeren Quellen wann immer möglich ausschalten. Deshalb ist es so wichtig, nur dort und dann Licht zu machen, wo wir es tatsächlich brauchen.

Wir sollten dafür sorgen, dass es auf unserem Grundstück ausreichend natürliche Dunkelheit gibt, indem wir Lichtquellen so abschirmen, dass Gärten, Wiesen, Bäume und Teiche möglichst unbehelligt bleiben und den Tieren ungestörten Lebensraum bieten. Und wenn wir feststellen, dass eben doch Licht in diese Richtungen scheint, können wir durch eine bessere Abschirmung und Lichtqualität vermeiden, dass gleich alle Nachtfalter wie von einem Staubsauger angesogen in Richtung Lichtquellen taumeln. Siehe Artentabelle in Anhang A1.

5 Mein besseres Licht wird noch sparsamer und ökologischer

5.1 Nachts wird es wieder dunkler

Licht, das niemandem etwas nutzt, kann ausgeschaltet werden. Heute bietet die Haus- und Regeltechnik auch beim Licht allerlei Steuerungsmöglichkeiten, die es teils früher noch nicht gab.

Nachtabschaltung
Während gewisser Nachtstunden löscht sich die Außenbeleuchtung automatisch, ganz egal, was vorher eingestellt war. Im öffentlichen Bereich hat sich die Zhaga-D4i Schnittstelle durchgesetzt, für den Heimbedarf gibt es diverse Produkte, die ebenfalls auf dem DALI oder DMX Bus aufbauen und sich in Haussteuerungen einbinden lassen (fragen Sie dazu die Experten im Fachmarkt).

Die Nachtruhe gilt in deutschsprachigen Ländern von 22 bis 6 Uhr. In dieser Zeit muss sichergestellt sein, dass die Nachbarschaft nicht gestört wird. Am besten, man löscht in dieser Zeit die Lichter oder stellt auf Sensorik oder Zeitschaltung um. In der Zeit von 20 bis 22 Uhr kann mit Dimmen die Zwischenwert-Richtlinie eingehalten werden, das gilt insbesondere in Deutschland und Österreich (siehe ÖNORM O 1052:2022 Anhang A2).

Dimmen
Hersteller müssen die Dimmbarkeit der LED-Produkte ausdrücklich deklarieren, sonst gibt es womöglich Probleme mit der Elektronik (immer am hellsten, wird stufig oder schaltet zu schnell dunkel oder beginnt zu flackern). Als Dimmer für LED können Phasendimmer oder Pulsweitenmodulatoren (PWM) oder DALI-kompatible Dimmer verwendet werden. Da das Gebiet noch etwas unübersichtlich ist, sollte man sich im Zweifelsfall bei der Verkäuferin/dem Verkäufer der Lampe oder dem herstellenden Unternehmen erkundigen, welcher Dimmer geeignet ist, oder mit Fachleuten die Kombination suchen, die am besten funktioniert. Es gibt fest installierte Dimmer, aber auch solche mit einer Fernbedienung. Der Nachteil einer Fernbedienung ist, dass sie sich nicht immer gleich finden lässt, wenn man sie braucht, und sie irgendwann eine Aufladung oder eine neue Batterie benötigt. Fest verbaute Bedienelemente sind da zuverlässiger.

Die besten Dimmer-Kombinationen schaffen heute von 100 auf 0 Prozent viele Zwischenstufen, ohne ein Flackern oder unangenehmes Empfinden. Leider begrenzen manchmal die Schnittstellen die unterste Stufe der Dimmbarkeit auf 2–10 Prozent.

Sensorlicht
Sensorlicht ermöglich Licht nach Bedarf, ohne dass man sich darum kümmern muss. Das ist an sich eine geniale Lösung. Aber auch hier ist im Außenraum oder für Licht, das bis in die Schlafräume wirkt, die Kombination mit einem Dimmer zu bevorzugen. Denn wenn gleich die volle Beleuchtung angeht, besteht die Gefahr, dass Schlafende wegen des plötzlichen Wechsels der Beleuchtungssituation hochschrecken. Bei der öffentlichen Beleuchtung wechselt das Licht über mehrere bis Dutzende Sekunden, um den Überraschungseffekt abzumildern.

Sensoren lohnen sich nicht, wo sich jeder dauernd oder sehr lange aufhält. Um Fehlkäufe zu vermeiden, muss darauf geachtet werden, dass die Produkte Tiere von Menschen unterscheiden können. Meist geschieht dies aufgrund der Körpergröße (maximale Höhe der detektierten Bewegung überschreitet eine Mindestgrenze). Außerdem sollten die Detektionswinkel bewusst gewählt werden, damit nur die relevanten Aufenthaltsorte bespielt werden (Passantinnen und Passanten außerhalb Ihres Grundstücks sollen den Sensor nicht auslösen).

Zeitschaltung
Zeitschaltungen, die für einige Minuten (die Normen zur Vermeidung von Lichtemissionen empfehlen maximal fünf Minuten) Licht geben und die man manuell auslöst, waren traditionell für Wege und Treppenhäuser weit verbreitet. Wir finden, dass sie immer noch Vorteile gegenüber schlechten Sensoren haben. Die regelmäßigen Nutzerinnen und Nutzer wissen, wie lange es hell bleibt, die Zeitspanne lässt sich auf Weglänge und Aufenthalt abstimmen und es sind mehrere Schalter möglich, falls die eigene Geschwindigkeit für die Bewältigung der Wegstrecke in der vorgegebenen Zeit nicht ausreicht.

Timer
Für Analog-Liebhaber, wirkungsvoll und flexibel: Wie bei der Eieruhr, dem Backofen oder im Fotolabor lässt sich am Drehschalter die Beleuchtungszeit einstellen, nach Ablauf des Tickers geht die Beleuchtung aus. Zeiten bis 60 Minuten sind so ohne Weiteres realisierbar. Zur Not kann man den Timer auch wieder auf Null stellen, also ausschalten.

Digitale Timer: Verkürzung oder Verlängerung und Bestätigung der Zeit. Wird bestätigt, wird einfach die letzte Vorgabe übernommen (nur ein Schaltvorgang nötig).

Man bedenke, dass die Bedienung von Zeitschalter wie Timer auch im Dunkeln gelingen muss. Entsprechend sind die Tastbarkeit oder Sichtbarkeit zu gewährleisten.

Sprachsteuerung
Einfachere Produkte (vor allem für den Innenraum) lassen sich auch individuell, aber herstellerabhängig ansteuern (z.B. gibt es für die zahlreichen

Sprachassistentinnen entsprechende Anbindungen: «Hey ..., dim the lights!», «Hallo ..., dimme das Licht!»).

5.2 Typische Szenarien ums Haus

Wegbeleuchtung
Lassen Sie alle Familienmitglieder allein im Dunkeln über den Weg auf Ihrem Grundstück zum Hauseingang gehen. Befragen Sie sie einzeln nach ihrem Empfinden: Was überwiegt?

Wir sehen genug im Dunkeln,

- **a.** weil das Restlicht aus der Umgebung genügt,
- **b.** weil wir keine Angst vor der Dunkelheit haben.

Wir sehen nicht genug im Dunkeln,

- **c.** weil wir Angst davor haben, uns im Dunkeln alleine zu bewegen,
- **d.** weil es tatsächlich zu dunkel ist,
- **e.** weil andere Lichter uns blenden.

Wenn alle mit a) und b) einverstanden sind, sparen Sie sich die Wegbeleuchtung und die Energiekosten. Wenn c) oder d) zutreffen, planen oder verbessern Sie die Wegbeleuchtung mithilfe der folgenden Tipps: Sorgen Sie dafür, dass die Hauseingangsbeleuchtung nicht mehr blendet, und verbinden Sie sie mit einem Sensor oder Lichtschalter am Grundstückseingang.

Wiederholen Sie dann den obigen Versuch. Wenn immer noch c) oder d) eintreten, fahren Sie fort: Überlegen Sie, welches kleinste Familienmitglied nachts allein den Weg benutzt und messen Sie seine/ihre Augenhöhe. Einsehbare Wegbeleuchtungen sollten diese Höhe unterschreiten, damit sie nicht blenden. Daraus ergibt sich eine maximale Lichtpfostenhöhe (Poller), die Sie

Abb. 12: Wegpoller als geeignete asymmetrische und ungeeignete symmetrische Variante.

einsetzen sollten. Wegpoller sollten so gefertigt sein, dass sie nur auf einer Seite entlang des Weges und nicht in alle Richtungen strahlen. Durch geeignete Leuchtengehäuse, Abschirmungen und Reflektoren ist das gegeben.

Leider sind aktuell extrem viele Produkte mit 360°-Abstrahlung und einem suboptimalen Design auf dem Markt. Ein Unsinn, da niemand die Poller in die Mitte der Wege setzen oder trotz guter Lichtlenkung eine solche Blendung und Schattenwurf haben möchte.

Überlegen Sie, auf welcher Seite des Weges der/die Poller weniger störend sind. Bedenken Sie, dass ein Seitenwechsel die Installation verteuert, weil die Stromversorgung unter dem Weg hindurch verlegt werden muss.

Die Farbtemperatur sollte weniger als 2200 Kelvin betragen. Wenn Sie Produkte wählen, bei denen Sie das Leuchtmittel (die Lampe) in einer gewöhnlichen E27- oder E14-Fassung selbst wechseln können, ist das einfacher zu realisieren (man kann z.B. 1800-Kelvin-Lampen mit E27-Gewinde kaufen), denn noch (2022) sind viele Herstellerfirmen bei den fest verbauten LED-Modulen nicht auf unter 2700 Kelvin gekommen.

Fest verbaute LED-Module haben eine bessere Abstrahlung durch Linsen, aber es könnte passieren, dass Sie am Ende der Lebensdauer die ganze Leuchte ersetzen müssen, weil laufend neue Produkte auf den Markt kommen und ältere ersetzen. Manche Hersteller geben immerhin bis zu zwei Jahrzehnte Nachkaufgarantie.

Zu e) Gegen Blendung helfen korrekte Ausrichtung, Abschirmung und Reduktion des Lichtstroms der Quelle. Je nachdem muss die Gemeindebehörde eine Beurteilung vornehmen, sollten Sie durch nachbarschaftliches Licht betroffen sein und mit einem Gespräch keinen Erfolg haben.

Swimmingpool-Beleuchtung

Unterwasserleuchten müssen eine Wasserdichtigkeit nach IP68 oder mehr aufweisen und mit Verbundsicherheitsglas ausgeführt sein. Da Wasser vor allem (infra-)rotes Licht absorbiert, können hier auch kältere Lichtfarben eingesetzt werden. So wäre eine kaltweiße, blaue (oder grüne) LED von Vorteil; man käme dann mit weniger Licht aus. Um die Sicherheit zu gewährleisten, würde auch eine Beckenrandbeleuchtung, die das Becken durchstrahlt, genügen. Wir empfehlen das aber auf keinen Fall, sondern würden die Investition in Unterwasserleuchten vorziehen, sofern eine Nutzung im Dunkeln vorgesehen ist. Einbautiefen und Abstände sind normiert. Planen Sie auf jeden Fall mit Fachleuten.

Ihr Ziel sollte sein: Wer das Schwimmbecken in der Nacht nutzen will, kann das nicht ohne Licht tun, wer sich unter Wasser aufhält, muss für Helfer in der Not sichtbar sein. Wird der Badebereich verlassen oder der Pool abgedeckt, geht auch das Licht wieder aus. Eine Inszenierung des Schwimmbeckens ohne Benutzung lehnen wir entschieden ab. Die abgestrahlte Lichtstärke eines Pools von acht mal vier Metern mit acht verbauten Leuchten ist beachtlich und trägt geradewegs zur Lichtverschmutzung am Nachthimmel bei.

Wer noch nachhaltiger denkt, verzichtet auf die Nutzung des Swimmingpools bei Nacht und auf die künstliche Beleuchtung.

Einfahrt-Beleuchtung

Alles, was nach Hause rollt, hat heute Licht an Bord. Darum stellt sich die Frage, ob es überhaupt einen Grund für Licht in der Einfahrt gibt. Ein solcher könnte sein, dass man im Scheinwerferlicht das Türschloss der Garage oder des Fahrradkellers nicht gut sieht, oder weil Kinder ihre Spielsachen in der Einfahrt stehen lassen. Aber dazu muss nicht die Einfahrt beleuchtet werden, sondern der Eingangsbereich. Wer seine Fahrzeugscheinwerfer immer kontrolliert und wartet, sollte nie etwas übersehen. Der Türbereich kann mit einer voll abgeschirmten Leuchte dort aufgehellt werden, wo man Schlösser oder Hebel betätigen muss. Mit Sensorik je nach Gusto kann das Licht auf den Minimalbedarf reduziert werden.

Abb. 13: Tiefgarageneinfahrt: Der Regen reflektiert die unterschiedlichen Lichtfarben auf der nassen Fahrbahn und zeigt, wie die Blendung mit wärmerer Lichtfarbe abnimmt.

Hauseingänge

Da, wo hauptsächlich ein- und ausgegangen wird, ist Licht wichtig. Die Fern-Einschaltung ab Zugangsweg mit Zeitschaltung oder Timer kann per Schalter oder per Sensor ausgelöst werden. Jedenfalls sollte das Licht für die Besucherinnen und Besucher von außerhalb nicht länger als fünf Minuten brennen.

Für Nebeneingänge genügt weniger Licht, falls eine Beleuchtung überhaupt notwendig ist. Menschen lassen sich durch Licht lenken; würde ein Nebeneingang heller beleuchtet als der Haupteingang, würde sich fremder Besuch nachts eher zum Nebeneingang verirren.

Treppen/Treppenhäuser

Als private Hausherrin/privater Hausherr übernehmen Sie die alleinige Verantwortung für Ihr Grundstück, da können Sie auch von einer Norm abweichen, welche für Treppen in öffentlichen Arealen entwickelt wurde, die von Tausenden von Besucherinnen und Besuchern genutzt werden. Urteilen Sie selbst, mit wie wenig Licht (Sicherheitsstreifen) Sie für die Erkennung von Stufen im Außenbereich auskommen, und bestehen Sie im Fall einer festen Installation auf dimmbare Lichtquellen oder auf einer Reduzierung der Wegbeleuchtung auf das vertretbare Minimum, sowohl was die Zahl der Lichtquellen als auch was die Beleuchtungsstärke angeht. Lehnt der Installationsbetrieb die Verantwortung ab, ist das korrekt. Sie können ihn vertraglich entlasten und die Verantwortung übernehmen. Mit dem Argument der Einhaltung von Beleuchtungsnormen wird oft Angst geschürt und die Sicherheitsstufe unnötig hoch angesetzt. Beleuchtungsnormen lassen bei geringer Nutzungshäufigkeit einen großen Spielraum zu. Es ist erlaubt, einen Weg unbeleuchtet zu lassen. Es ist erlaubt, ein geringes Sicherheitsrisiko anzunehmen und auf die Norm für Wegbeleuchtung abzustützen. Daher ist sogar eine Treppenbeleuchtung mit 2 Lux gerade noch denkbar (das entspricht immerhin bereits dem Licht von 6 bis 8 Vollmonden) und mit 5 Lux (14 bis 20 Vollmonde) bestimmt ausreichend auf einem Privatgrund, bei dem es keine große anderweitige Gefahr durch fehlendes Geländer oder hohe Fallhöhen gibt.

Natürlich würden wir ein Treppenhaus heller beleuchten als die Stufen im Außenbereich. Das Treppenhaus stellt den verlängerten Innenraum dar und große Helligkeitsunterschiede verzögern die Dunkeladaption, wenn man das Haus verlassen möchte. Eine Halbierung der Lichtintensität ist jedoch immer möglich, ohne dass wir merklich darauf reagieren. Im Treppenhaus genügen also auf jeden Fall halb so starke Lampen wie im Innenraum. Sind die Stufen sehr dunkel gehalten (z.B. schwarzer oder dunkelgrauer Stein oder Keramik), sind die hellen Sicherheitsstreifen oder wieder mehr Licht erforderlich. Dezente Stufenbeleuchtungen sind in die Seitenwände, in die Stufen oder in das Geländer eingelassen. Auf jeden Fall darf das Licht nicht blenden, sonst würde der Sicherheitsgewinn ins Gegenteil verkehrt. Deshalb benötigen diese Leuchten eine perfekte Ausrichtung und Abschirmung.

Terrassen

Die Aufenthaltsdauer auf den Terrassen während der Dunkelheit ist über das ganze Jahr gesehen vermutlich sehr gering. Es stellt sich deshalb die Frage: Reicht uns mobiles Licht nach Bedarf (z.B. Laternen)? Wenn dem so ist, könnte man angesichts dieser Tatsache sogar bewusst einen Rückbau der festen Beleuchtung vornehmen. Eine mobile Laterne, die an der Terrassentür bereitsteht, wäre ein klares Zeichen für alle.

Wenn wir uns hingegen für eine fixe Installation mit Licht entscheiden, dann können wir uns besser vor Nachtinsekten schützen, wenn wir die tiefste erhältliche Farbtemperatur verwenden, die wir kaufen können. Die meisten

Insekten sehen kaum Licht aus dem roten, orangen oder gelben Spektrum [15]. Das trifft vor allem auch auf die Nachtfalter (Motten) zu. Gegen Mücken hilft jedoch auch Licht in diesen Farben kaum.

Garagen

In Garagen wollen wir deutlich sehen, ob etwas defekt ist und repariert werden muss. Hier darf Licht durchaus eine sehr gute Farbwiedergabe (CRI- oder Ra-Wert ist >80) haben und genügend hell sein. Hell gestrichene Räume erleichtern die Beleuchtung. Wenn die Garage unterflurig ist, gelangt weniger Licht nach draußen, so kann sie noch heller sein, ohne die Umgebung zu stören. Hat sie Tageslichtfenster, würden wir durch Abschirmung darauf achten, dass die Lampen nicht direkt nach draußen strahlen. Zudem wäre es hilfreich, wenn das Garagenlicht erst angeht, wenn das Tor geschlossen ist oder sich jemand in der Garage aufhält. Deshalb sind Aufenthaltssensoren in der Garage keine schlechte Idee. So kann auch das Lichterlöschen beim Verlassen nicht vergessen werden.

Dachfenster

Besitzt Ihr Haus Dachfenster, so geht indirektes Licht buchstäblich durch die Decke. Oberlichter oder Dachfenster fallen aus der Vogelperspektive in der Dunkelheit sofort auf. Sie tun tierischen Flugkünstlern einen Gefallen, wenn Sie auch bei den Dachfenstern Jalousien oder Rollos anbringen und diese am Abend schließen. Für die Bewunderung des Nachthimmels ohne Licht im Zimmer können Sie die Luken wieder öffnen. Wenn die Dämmerung lange vorbei ist, sind auch weniger Mücken unterwegs.

Große Fenster (z. B. in Wandhöhe)

Seit der Moderne der 1930er-Jahre gibt es die Villen mit Glasfronten. Durch immer bessere Mehrfachverglasungen mit hohen Dämmwerten (gasgefüllt oder druckreduziert) sind auch die Bedenken bezüglich des Einsatzes wandhoher Fenster in energieeffizienten Bauten gesunken und viele Neubauten bieten mindestens für den Wohnraum den Luxus des Panoramafensters. Sofern die Deckenlampen nicht in die Decke eingelassen sind, resultiert dabei aber automatisch ein direkter Lichtverlust durch das Fenster, der horizontal oder nach oben gerichtet ist, es sei denn, die hängende oder stehende Leuchte ist nach dem Full-Cut-Off-Prinzip abgeschirmt, d. h. voll gedeckelt.

Um Lichtverschmutzung zu verhindern, gibt es in diesem Falle nur eine Möglichkeit: Verhindern Sie direktes horizontales Licht nach draußen durch Full-Cut-Off-Leuchten, gehen Sie einen Schritt weiter, achten Sie auch darauf, dass kein Lichtkegel das Glas durchdringt, gehen Sie zwei Schritte weiter, achten Sie darauf, in der Dämmerung Jalousien oder Vorhänge zu schließen, oder dass Sie das Licht löschen, wenn Sie die Betrachtung der Außenwelt genießen wollen.

Wir vermuten, dass der Einfluss der Architektur bei der Lichtverschmutzung kein geringer ist. Es ist wohl kein Zufall, dass im am wenigsten mit

Kunstlicht aufgehellten Kanton Graubünden in der Schweiz eine traditionelle Architektur mit dicken Mauern und tief nach innen versetzten Fenstern dominiert (vgl. Abbildung 14).

Abb. 14 A: Traditionelle Architektur im Engadin, Kanton Graubünden, mit geringer Fensterfläche im Vergleich zur Fassade. Sie sendet wenig Licht nach draußen. **B:** Modernes Musterhaus mit rundherum verglaster Fassade (als Büro benutzt, unbewohnt). Man stelle sich vor, wie die Ausstrahlung aussähe, wenn alle Räume beleuchtet wären.

Bei Räumen mit großen Fenstern ist die Verantwortung daher groß, die Menge des Lichts, das nach draußen gelangt, zu begrenzen. Dabei sind die Abschirmungen das Mittel, das am wenigsten Komfortverlust mit sich bringt. Zudem kann mit Dimmen und Ausschalten viel getan werden, aber was nützlich und angenehm ist, ist eine individuelle Entscheidung.

Dekorationen

In den meisten Familien gibt es mindestens eine Person mit einem dekorativen Händchen, die zu gewissen Zeiten (z. B. vor Weihnachten) das Augenmaß etwas verliert und ungefragt mit neuen dekorativen Einkäufen Tatsachen schafft (siehe Kapitel 8.4).

Nun kennt die Inszenierung beim Licht alles zwischen Kunst, Party, Geschmacksverirrung und Laser-Disco, weil auch alles zwischen seriöser Installation und billiger Ware für den Müll im Handel angeboten und verkauft wird. Wenn man gewisse Kataloge von Baumärkten und Gartencentern studiert, wird einem ganz schwindelig. Was angeboten wird, ist oft jenseits aller Norm oder Vernunft und kann eigentlich nur im Streit mit der Nachbarschaft oder auf dem Elektronikschrott enden.

Dass nun selbst in abgelegenen Bergdörfern solche Ware in den Gärten auftaucht, stimmt uns sehr nachdenklich. Es zeugt von der globalen Marktwirtschaft und dem unbändigen Wunsch nach Neuem, nach dem Spektakel, das einem die gewohnte Umgebung nicht bietet. Dass dabei eine enorme Qualität verloren geht, nämlich die Zone der Erholung, der Kontemplation, der Flucht aus dem Trubel der Städte, ist nicht allen Einwohnerinnen und Einwohnern bewusst, denn sie flüchten ja gerade aus dieser alltäglichen Idylle durch eine Ablenkung vom Natürlichen.

Über Geschmack lässt sich bekanntlich nicht streiten. Also urteilen wir doch lieber über Qualität und Nachhaltigkeit, über Sinn und Unsinn.

Sinnlicher Klassiker: die Party-Girlande

Weiße oder farbige Lämpchen an einer Lichterkette vermitteln das Gefühl von «Es ist Sommer und warm genug, um draußen zu feiern». Diese Lichterketten sind genau dafür geschaffen, aber nicht für mehr. Das bedeutet: im Freien für die Party aufbauen und nach der Party wieder abbauen. Auf einer Terrasse oder im Wintergarten gegebenenfalls fest installieren, aber wirklich nur für die Feste benutzen, wo es passt. Sowohl Nachttiere als auch die Nachbarschaft haben keine Freude, wenn Ihr Zuhause immer wie eine Festhütte aussieht. Die vielen nicht abgeschirmten Lämpchen können in der Summe viel mehr stören als die eine Laterne, die Sie sonst benutzen.

Besinnung an Weihnachten: Kerzenlicht

Wie wäre es mit einem Adventskranz neben der Eingangstüre? Dank technischer Errungenschaften wie LED-Kerzen muss es kein echtes Kerzenlicht mehr sein, was den Brandschutz freut. Die Symbolkraft einer Kerze steht für

Wärme und Gemütlichkeit und macht in der kalten Jahreszeit so manchen Frost oder Frust etwas wett. Da können die Eiszapfen und Rentiere nicht mithalten.

In der Schweiz hat ein Leitentscheid des Bundesgerichts klar gesagt, dass die Weihnachtsbeleuchtung am 1. Adventssonntag beginnt und am 6. Januar zum Dreikönigstag endet. In dieser Zeit darf jeder ausnahmsweise mit Dekorationen beleuchten, aber nur bis zur verordneten Ruhezeit der Gemeinde, die im konkreten Einzelfall (BGE 140 II 33, Möhlin) bis 1 Uhr nachts ein Auge zugedrückt hat.

Auch im Winter möchte die Nachbarschaft nachts schlafen und schon aus diesem Grund sollten Sie die Weihnachtsdekorationen ausschalten, sobald Sie zu Bett gehen.

Unsinnige Protzerei: Wir sind ein Schloss

Seit Lichtquellen so günstig geworden sind, ist das Anstrahlen von Fassaden landauf und landab beliebt, nicht nur bei den Firmen, die die Strahler installieren. Die Inszenierung eines Eigenheims macht keinen Sinn. Anders sieht das bei Gebäuden von öffentlichem Interesse, beispielsweise denkmalgeschützten Häusern oder Kirchen, aus, bei denen eine Inszenierung von der Gemeinde gewünscht wird.

Niemand muss aus Sicherheitsgründen ein Haus inszenieren. Erstens kann eine Inszenierung nach den geltenden Normen keine Sicherheitsbeleuchtung sein und zweitens gibt es in den Einbruchstatistiken keine Hinweise darauf, dass eine Außenbeleuchtung zum Schutz vor Einbrüchen beiträgt. Wer sich unbefugt Zutritt verschafft, will gut sehen, aber unbemerkt bleiben. Das Sehen wird durch Licht erleichtert, das Unbemerktbleiben wird durch Abwesenheiten, nicht durch Schatten garantiert. Die meisten Einbrüche geschehen nicht nachts, sondern tagsüber und in der Dämmerung, und wenn die Bewohnerinnen und Bewohner nicht da sind.

Allenfalls hilft Licht etwas, wenn es in den Innenräumen Anwesenheit vortäuscht und eine alarmierende (Sensor-)Beleuchtung die Nachbarschaft auf Besucherinnen und Besucher aufmerksam macht. Sicherheit wird durch gutnachbarschaftliche Kontakte erreicht, wenn die Nachbarinnen und Nachbarn über die Ferienabwesenheit Bescheid wissen und ein Auge auf das Haus haben, klappt das mit dem Schutz wesentlich besser als durch eine statische Inszenierung, die sich nie ändert.

Kunst im Garten: Wir sind ein Museum

Kleine Objekte sind ohne Baubewilligung erlaubt und als dekorative Elemente Privatsache, es sei denn, eine Gemeinde hat ein explizites Verbot erlassen für bestimmte Elemente, wie z. B. Gartenzwerge (ja, das gibt es). Da Lichtkunst in einem Privatgarten nichts zu suchen hat, sollten Sie niemals ein Lichtkunstobjekt kaufen und aufstellen lassen, ohne die dazu gehörige Baubewilligung zu besitzen. Und gewöhnliche Kunst würden wir auch nicht beleuchten. Falls Sie an etwas Leuchtendem oder Beleuchtetem derart hängen, dass Sie es zeigen wollen, wäre da nicht irgendwo im Haus oder nahe am Haus ein besseres Plätzchen, wo kein zusätzliches Licht nötig ist und wo es weniger stört?

6 Ein paar gelungene Beispiele

Betrachtet man Architektur mit einem gewissen zeitlichen Abstand zu deren Entstehung, gewinnt manchmal auch das Hässliche im Auge des Betrachters an Schönheit dazu. Das mag an der Rückeroberung der nackten Fassaden durch die Patina der Natur liegen oder an der ebenfalls veränderten Umgebung, die noch widersprüchlicher geworden ist. Ein Verständnis für Lichtgestaltungen oder Inszenierungen ist aber auf alle Fälle dann schwierig, wenn sie die Funktionalität überwiegt und zum Selbstzweck stilisiert wird. So ist es schwierig, gute Beispiele zu finden. Meistens wird das Licht unbewusst falsch, lieblos oder gar nicht richtig geplant. Spätere Generationen dürfen die Fehler dann beseitigen.

Hauseingänge

Abb. 15: Mehrfamilienhaus Jahrgang 1962, Eingangsbereich nordseitig, überdacht.

Abbildung 15 zeigt exemplarisch, mit wieviel Liebe zum praktischen Detail in den späten Fünfziger-, frühen Sechzigerjahren des 20. Jahrhunderts gebaut wurde. Nicht nur ist die Leuchte vollständig in die Decke eingelassen, von angenehmer Stärke und blendet nicht. Weitere angenehme Eigenschaften sind: Die Briefkästen haben eine Ablage mit Wetterschutz, die Entwässerung des Vordachs hat genügend Abstand zum Podest, der Türgriff ist groß, das Podest besitzt einen Eingangsrost mit ausreichend Abstand zur Tür, die Anwesenheitskontrolle wird durch den verglasten Eingangsbereich gewährleistet.

Abb. 16: Mehrfamilienhaus Jahrgang 2020. Eingangsbereich nordseitig überdacht.

Das Haus in Abbildung 16 ersetzte ein kleineres aus dem Jahr 1955 und ist ein typisches Beispiel für die Verdichtung in Städten, trägt aber wenig zur Lichtverschmutzung bei. Die Leuchte ist vollständig in die Decke eingelassen, von angenehmer Stärke und blendet nicht. Sie brennt nur nach Bedarf und wird durch den Sensor im «Türrahmen» rechts ausgelöst. Die Brenndauer beträgt etwa drei Minuten. Die Höhe der Deckenleuchte ist ausreichend, um die ganze Zugangstreppe mit Handlauf genügend auszuleuchten. Die Klingeln befinden sich bei den jeweiligen Briefkästen. Die Türe ist verglast.

Abb. 17: Einfamilienhaus Jahrgang 1930, Um- und Anbau 2013. Eingangsbereich nordseitig mit kleinem Vordach.

Bei dem Beispiel in Abbildung 17 verschmelzen gute Innen- und Außen-Architektur (inklusive Garten) mit der Umgebung zu einem harmonischen Ganzen. Die Leuchte über der Tür ist vollständig in die Türrahmendecke eingelassen, von erheblicher Lichtstärke, blendet aber dank warmem Ton nicht. Sie brennt nur nach Bedarf und reagiert auf Besucherinnen und Besucher, die den Zugangsweg betreten. Die Zeit wurde auf wenige Minuten eingestellt. Die Türe besitzt ein hohes Sichtfenster. Die Rollläden des Panoramafensters wurden vorbildlich geschlossen.

Garagenzufahrt

Abb. 18: Einfamilienhaus Jahrgang 1940. Anbau in folgenden Jahrzehnten, später Renovierung mit Fassadenisolation 2014.

Bei dem Beispiel in Abbildung 18 ist die Leuchte vollständig in die Fassade integriert, von ausreichender Leuchtkraft, in einem warmen Ton und blendet nicht. Sie brennt nur nach Bedarf und reagiert auf Fahrzeuge und Passantinnen und Passanten, die das Grundstück betreten. Die Zeit wurde auf wenige Minuten eingestellt. Das Licht reicht aus, um auch die Zugangswege zu finden. Der Kontrast des Reliefs ist durch das senkrecht geführte Licht hoch, Türgriff und Drehschloss fallen sofort ins Auge. Die Hängeleuchte in der Küche ist durch den Rollladen abgeschirmt. Auch die hellere Tischleuchte im Wohnzimmer ist von warmer Lichtfarbe.

Treppe mit Handlauf (trocken und nass)

Abb. 19: Zugangstreppe eines Einfamilienhauses mit leuchtendem Innenleben. Neubau im Jahr 2020.

Die Treppe in Abbildung 19 wird nur beleuchtet, wenn der Sensor beim Eingang auslöst oder der Lichtschalter betätigt wird. Die Lichtfarbe ist warmweiß, zieht aber noch Insekten an, weshalb eine langbeinige Spinne bei trockenem Wetter auf Beute wartet (oben). Bei Regen sind die Stufen immer noch gut erkennbar, auch wenn der Asphalt ein wenig abdunkelt – und bleiben griffig. Regentropfen sammeln sich an den unten vorstehenden LED-Linsen am Handlauf und erzeugen unerwartete Lichtreflexe (unten).

Man beachte beim Einbau von Handlaufleuchten, dass diese gut in den Handlauf integriert sind und dass sie mindestens spritzwassersicher (Regen, IP54) oder druckwassersicher (Hochdruckreiniger, IP65) sind.

Die leicht in einem Bogen verlaufende Zugangstreppe zeichnet sich durch die angenehme Stufenhöhe aus, welche auch für kleine und ältere Personen geeignet ist, und die rutschfeste Oberfläche aus rauem, leicht hellerem Asphalt und die Sichtkanten aus rostfreiem Metall. Der Handlauf ist ebenfalls aus Metall, er ist auf der richtigen Höhe angebracht und sorgt für sicheres Auf- und Absteigen im Dunkeln – und dies praktisch ohne zu blenden.

Wandleuchte Do-It-Yourself umgebaut

Abb. 20: Wandleuchte für Vorplatz oder Gehweg, Originalzustand und Erweiterung (Do-It-Yourself).

Blicken wir den Tatsachen ungeschminkt ins Auge: In Baumärkten wird im Bereich Außenleuchten mehrheitlich schlechte Ware verkauft. Doch versierte Handwerkerinnen und Handwerker schaffen es, eine schlechte Leuchte in eine wesentlich bessere zu verwandeln, wie Abbildung 20 zeigt.

Ausgangssituation (Abbildung 20 links): Diese Wandleuchte hat durch die flache LED-Matrix einen hohen Abstrahlwinkel von nahezu 180°. Die Lichtfarbe ist eher Weiß und daher beim direkten Blick in die Leuchte blendend grell. Die Geometrie der zu beleuchtenden Fläche erfordert jedoch eine Neigung um 43° über die Waagrechte, sodass die Leuchte direkt über Horizont scheint und die Nachbarn stört.

Zwei Maßnahmen sorgen für eine bessere Wirkung (Abbildung 20 rechts): Dem vorhandenen Klarglas wurde ein oranges Filterglas aus Acryl vorgesetzt. Diese Farbe nimmt den kurzwelligen Blauanteil bis 500 Nanometer praktisch vollständig aus dem Licht, sodass die Stör- und Anlockwirkung für die meisten Lebewesen reduziert ist. Um den direkten Einblick in die Lampe zu verhindern, wurde als Prototyp aus Holz eine einfache Abschirmung gebaut, die das horizontale Abstrahlen nach außen verhindert und den vorgesehenen Platz bzw. Fußweg mit Licht bespielt. Die Rückprojektion auf die Wand zeigt nun einen kleineren Ausstrahlwinkel, was seitlich und nach vorn so gewollt ist.

Für den immerwährenden Außenraumeinsatz würden wir die Abschirmung aus Kunststoff oder aus Metall (gesteckt oder 3D-Druck) anfertigen lassen. Wichtig ist die zum restlichen Gehäuse passende (dunkle) Farbe und Dimensionierung, ebenso wie die auf die Nutzfläche abgestimmte Geometrie. Im Zweifelsfall messen Sie die gesuchten Winkel vor Ort aus, dann kann konstruktiv so gezeichnet und bearbeitet werden, dass es für den Einsatz sicher passt.

Wandleuchten als neue Wegbeleuchtung

Abb. 21: Einfamilienhaus Jahrgang 1970, Eingang nordostseitig. 2010 von neuen Eigentümern gekauft und in der Folge schrittweise energetisch saniert; zuletzt mit kombinierter Wärmekollektoren- und Fotovoltaikanlage auf dem Hausdach und neuer Fassadenisolation.

Bei dem Beispiel in Abbildung 21 wurden die alten Pollerleuchten – vollsymmetrische weiße Zylinder am oberen Ende eines schwarzen Sockels – die mehr geblendet haben als dass sie beim Gang die Treppe hinunter hilfreich waren, ersetzt. (Der Blumentopf im Foto rechts sitzt auf einem Überbleibsel vor der definitiven Entfernung.) Die neuen Wandleuchten sitzen ungewöhnlich hoch, stellen aber gleichzeitig ein dekoratives Element für die Inszenierung der Holzfassade dar. Da das warme Licht nur nach Bedarf an- und nach wenigen Minuten wieder ausgeht, kann auch der suboptimale Ausstrahlwinkel über Horizont verziehen werden.

Einfamilienhaus Jahrgang 1956, das «perfekte» Haus

Abb. 22: Dieses energetisch komplett sanierte Objekt fiel uns auf wegen der isolierten Lage, dem Carport mit Fotovoltaikanlage und den Wärmekollektoren hangseitig hinter dem Haus, aber natürlich auch wegen der ausgezeichnet geplanten Gartenanlage und dem Potenzial für die perfekte Beleuchtung.

Unsere Fotomontage in Abbildung 22 zeigt, wie Licht nach Bedarf eingesetzt werden kann. Der Wintergarten wird nachts nach oben abgeschirmt, eine Kerze auf dem Gartentisch sorgt für das wohlige Ambiente und die Heimkehrerin hat dort Licht, wo sie den Einkauf nach Hause trägt, wird nicht geblendet und sieht die Stufen dank weißer Markierungen besser. Vorhänge und Jalousien schirmen das meiste gegen den Himmel gerichtete Licht ab. Warme Lichtfarben herrschen vor. Der größte Teil des Anwesens, insbesondere das Biotop und der Garten, bleiben im dämmrigen Dunkel, sodass die Tierwelt sich wohler fühlt. Blendungen gibt es hier keine.

7 Meine Mobilität blendet die anderen

In Europa unterliegen alle Fahrzeuglichter Regeln, den sogenannten ECE-Regelungen [16]. Je nach Lampentechnologie und Fahrzeugtypen gelten andere Lichtstärken, zum Teil sogar je nach Blickrichtung. Tagfahrlichter sind für alle vorgeschrieben. Lediglich Österreich hat die Pflicht zum Tagfahrlicht für zweispurige Fahrzeuge aufgehoben (für einspurige gilt sie weiterhin), weil zwar die Autos besser zu sehen sind, Fußgängerinnen und Radfahrer im Vergleich dazu hingegen deutlich schlechter.

Die einzige Gemeinsamkeit vom Stehroller bis zum Lastwagen: Nach vorne muss es weiß, nach hinten rot leuchten und jeweils in definierten Flächen. Nun ist weiß nicht gleich weiß beim Licht, das haben wir bereits in und um unser Heim bemerkt.

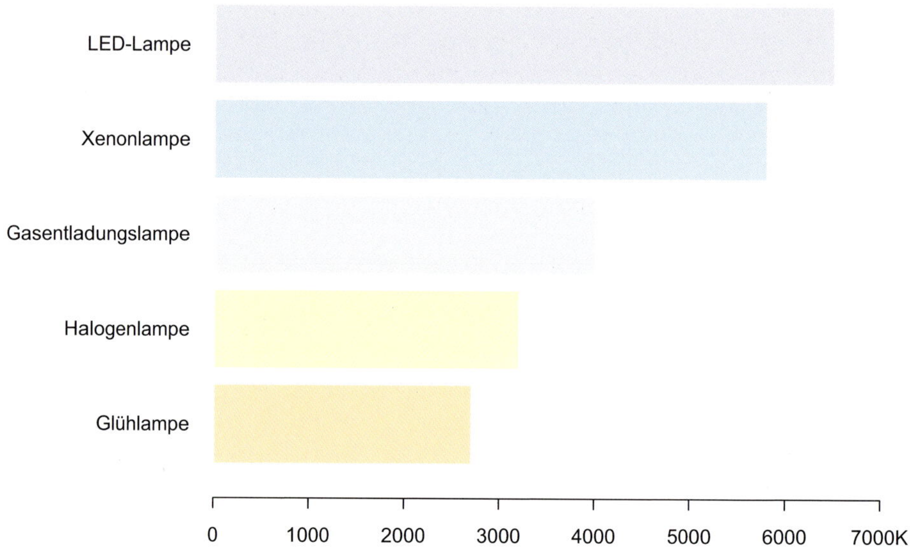

Abb. 23: Erneute Erhöhung der Farbtemperatur in Autoscheinwerfern mit LED (2013).

Was in Abbildung 23 wie ein technischer Fortschritt aussieht, kann zu immer mehr Blendung des Gegenverkehrs führen, während die Fahrerinnen und Fahrer davon meist nichts merken. In einer Studie von 2014 unterschied sich deren subjektiver Eindruck bei LED mit 4500, 5500, und 6500 Kelvin jedenfalls kaum. Der Eindruck für den Gegenverkehr wurde jedoch nicht ermittelt und wäre bestimmt nicht gleich gewesen (vgl. Kapitel 5, Einfahrt-Beleuchtung im Regen).

Ältere Semester erinnern sich vielleicht daran: In Frankreich waren gelbe Frontscheinwerfer bis Anfang der 1990er-Jahre vorgeschrieben. Diese filterten blaue Lichtanteile weg und reduzierten vor allem die Blendung bei Nebel. Die Erfindung dazu kam aus Schweden mit seinen langen und dunklen Wintern. Heute sind solche gelben Nebelleuchten noch als Zusatzscheinwerfer bei schlechter Sicht erlaubt.

Die aktuellen Richtlinien legen zwar Maximal-Lichtstärken für bestimmte Winkel (also eine Lichtverteilung) für Fernlichter fest, aber die Maximalwerte sind frontal und seitlich schräg nach vorn teilweise derart hoch gewählt, dass wir sie hinterfragen möchten. Es gibt Fahrzeuglichter, deren Blendung selbst am sonnigen Tag in den Augen schmerzt und die wie die Sonne Nachbilder hinterlassen. Dazu kommt, dass durch Tuning-Garagisten illegal stärkere Scheinwerfer verbaut werden, weil man so auf den Straßen (z.B. beim Überholen auf der Autobahn) die Vorausfahrenden besser durch Einsatz der Lichthupe ärgern kann.

Die Hochleistungs-LED-Chips erzeugen Leuchtdichten von (bis Hunderte) Millionen Candela pro Quadratmeter. Die Verluste durch Brechung und Spiegelung sind enorm, aber Lichtstärken bis 215'000 Candela dürfen frontal legal herauskommen, wobei die Werte frisch ab Werk mit 30 Prozent Toleranz bis zu 279'500 Candela betragen dürfen. Das ist, als wenn dieselbe Anzahl Kerzenflammen im Scheinwerfer gebündelt wären und uns anstrahlen.

Was die Richtlinien verlangen

Fernlichter

Für Fernlichter wird lediglich weißes Licht vorgeschrieben, daher steht es den Herstellern ziemlich frei, welche Spektren sie erzeugen. Da gäbe es dringend Nachholbedarf, die Blauanteile zu begrenzen. Bezüglich der Blendung wurde schwammig formuliert und den Ländern die Ausführungsbestimmungen überlassen, unseres Wissens fehlen diese in Deutschland, Österreich und der Schweiz gänzlich bzw. werden vermutlich dem subjektiven Eindruck des Prüfenden überlassen.

Abblendlichter

Für Abblendlichter bei Autos gibt es eine Vorschrift zur Begrenzung des ultravioletten Anteils, die ursprünglich zum Schutz der Gesundheit eingeflossen ist, jedoch in der Richtlinie zur Vermeidung der Alterung der (Kunststoff-)Gläser Erwähnung findet. Zudem wird ein minimaler Rotanteil für die Farbwiedergabe vorgeschrieben, vermutlich für bessere Schilder- und Hindernis-Erkennung.

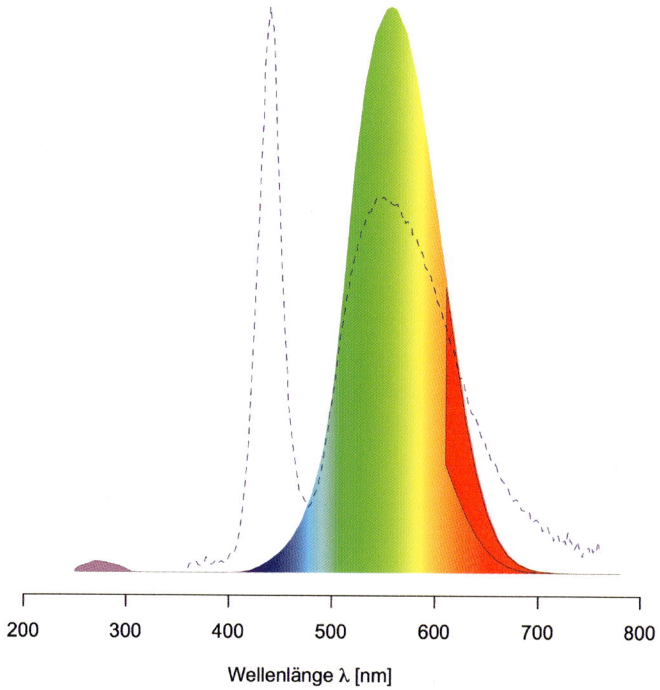

Abb. 24: Höchst-(Ultraviolett)- und Mindest-(Rot)-Lichtanteile beim Abblenden.

Der Regenbogen in Abbildung 24 zeigt den für Menschen am Tag sichtbaren farbigen Anteil des Lichts, der violette Hügel ist der maximal erlaubte Anteil von Ultraviolett-Licht fürs Abblendlicht (entspricht UV-B- und teils UV-C-Strahlung), innerhalb der roten Fläche muss der Rotanteil der Leuchte mindestens landen, damit die Farbwiedergabe gut ist.

Leider fehlt in den Richtlinien gänzlich eine Bestimmung, die den Blauanteil reduziert, der für die Blendung und die Umwelt relevant ist. Die gestrichelte Linie zeigt die spektralen Anteile einer LED mit 5600 Kelvin mit dem höchsten Ausschlag in Blau und beweist, dass sie den erforderlichen Rotanteil einhält (und kein UV-Licht produziert), jedoch durch den hohen Blauanteil im Gegenverkehr für erhebliche Blendung sorgen würde (vgl. die mittlere Lampe der Einfahrtsbeleuchtung, Kapitel 5, Abbildung 13; sie hat eine ähnliche Farbtemperatur wie die hier gestrichelte LED).

Problematisches Licht reduzieren

Bitte kaufen Sie für Ihr Fahrrad das psychologisch wärmste erhältliche Frontlicht. Die Blendung nimmt deutlich ab mit der tiefsten Farbtemperatur der weißen LED-Leuchte. Auf Spielereien wie Blinkmodus ist zu verzichten. Blinken erregt zwar Aufmerksamkeit, lenkt aber auch ab und kann dadurch zu Fehleinschätzungen der Verkehrssituation führen. Unseres Erachtens sollte das Blinken Warnsignalen (Orange- und Blaulicht, Bahnschranken, Ampeln usw.) vorbehalten sein und nie in den regulären Verkehr gebracht werden. Blinkende festmontierte Fahrradrücklichter sind in Österreich erlaubt, in der Schweiz und Deutschland verboten.

Schauen Sie sich vor dem Kauf eines Kraftfahrzeugs Fern-, Abblend- und Tagfahrlicht an und betrachten Sie sie aus der Gegenverkehr-Perspektive (insbesondere als Fußgänger oder Autofahrerin). Am besten, Sie nehmen jemanden auf die Probefahrt mit und sprechen sich ab, wo man sich nachts in Sicherheit (z. B. von Fahrspur getrennter Fußweg) begegnen kann. Falls die Blendung enorm sein sollte, wählen Sie ein anderes Modell.

Erfreulicherweise hält das Konzept «Licht nach Bedarf» auch beim mobilen Licht Einzug und wer weiß, wohin uns das autonome Fahren in Jahrzehnten noch bringen könnte. (Selbstständig perfekt fahrende Fahrzeuge brauchen keine bisherigen Scheinwerfer, sie «sehen» auch ohne Licht.)

Adaptives Licht nach vorn

Kurvenlicht	leuchtet in den Kurven in die Blickrichtung, wo es tatsächlich nützt, statt in die Fahrtrichtung.
Fernlicht	verschiebt je nach gefahrener Geschwindigkeit, Straßentyp, Gegenverkehr und Wetter die Hell-Dunkel-Grenze der Lichtkegel. Intelligente Scheinwerfer mit einer LED-Matrix können so den Gegenverkehr vor Licht abschirmen.

Die eigene Sicherheit erhöhen

Kontrollieren Sie vor der Ausfahrt/Reise die einwandfreie Funktion der Beleuchtung und überprüfen Sie gegebenenfalls die Einstellung des Winkels nach unten je nach Beladung/Luftdruck im Reifen. Für Radfahrerinnen und Radfahrer lohnen sich energiespeichernde Standlichter, welche auch im Stehen mindestens die roten Rücklichter weiter leuchten lassen. Für Fahrräder und langsame motorisierte Zweiräder sind die weißen (vorn), roten (hinten) und gelben (Deutschland und Österreich: Pedale und Speichen oder weiße an Reifen, Schweiz: nur bei Pedalen) Reflektoren vorgeschrieben. Zusätzliche seitliche Reflektoren erhöhen die Sicherheit bei Querungen (Speichen oder Reifen). Auch Fußgänger profitieren von Reflektoren an der Bekleidung. Für motorisierte Fahrzeuge wie elektrische Fahrräder (E-Bikes), Mopeds und Scooter bzw. Motorräder sind Abblend- oder Tagfahrlichter Pflicht geworden.

8 Stromversorgung des Hauses

8.1 Die Grundlagen für alle deutschsprachigen Länder (DACH)

«Wir sind in einer Situation, wo wir zum Bau einer Villa länger brauchen als im Mittelalter für den Bau einer Ritterburg.»
(Eberhard Diepgen)

Wir gehen davon aus, dass Ihr Haus bereits besteht und nicht neu gebaut wird. In einem Haus bezieht man Wechselstrom mit 50 Hertz, das heißt, er wechselt innerhalb einer Sekunde 50-mal die Polarität. Unser Auge kann bis etwa 20 Hertz unterscheiden, schnellere Wechsel laufen als Film ab. Jedes Kino nutzt diesen Effekt, indem Filme mit mindestens 24 Bildern pro Sekunde projiziert werden. Beim Wechselstrom werden zwei Spannungen unterschieden:

- **230 Volt:** Normale Lichtinstallationen mit drei Drähten – Leiter (braun), Neutralleiter (hellblau) und Erdung (gelb/grün).
- **400 Volt:** Kraftinstallationen wie z.B. für Kochherde – drei Polleiter (braun, schwarz, grau), Neutral- (hellblau) und Erdleiter (gelb/grün).

Gleichstrom (gleichbleibende Polarität) gibt es bei Batterien oder von den Fotovoltaik-Zellen bis zum Wechselrichter. Bei allen Arbeiten an den Elektro-Installationen ist darauf zu achten, dass die entsprechende Sicherung ausgeschaltet ist! Es sind auch immer die richtigen Werkzeuge (Zangen mit Isoliergriff) zu verwenden.

Ein Fehlerstrom-Schutzschalter (FI-Schalter) ist vorgeschrieben. In älteren Gebäuden fehlt dieser oft. Der FI-Schalter ist wichtig, weil er im Falle eines Defekts den Leiter abschaltet und damit gefährliche Stromschläge verhindert. Je nach zu schützendem Bereich unterscheidet sich die Stromstärke, bei der der FI-Schalter auslöst:

- **10 mA** – ideal für Nasszellen und Außenbereiche
- **30 mA** – im Haus als Personenschutz
- **300 mA** – als Brandschutz für Gebäude

Berührt man eine stromführende Leitung, kann bereits ab 50 mA ein Herzkammer-Flimmern einsetzen, was tödlich enden kann. Ein funktionstüchtiger FI-Schalter ist also eine Lebensversicherung! Es ist daher ratsam, alle sechs Monate die Funktionsfähigkeit des FI-Schalters zu testen. Dazu gibt es eine Prüftaste. Sie ist einfach zu bedienen: Wenn Sie sie drücken, sollte sich der FI-Schalter auslösen. Sollte nichts passieren, sind umgehend Fachleute zu bestellen, die den FI-Schalter auswechseln. Achten Sie unbedingt auch darauf, dass keine elektronischen Geräte eingeschaltet sind, wenn Sie den FI-Schalter testen; sie könnten sonst Schaden nehmen.

Abb. 25: Der Selbstbau von Elektroinstallationen endet nicht immer vorbildlich und sicher.

8.2 Deutschland

8.2.1 Was darf ich machen, wer kontrolliert?

Der Gesetzgeber gibt eindeutige Vorgaben für die Ausstattung und Sicherheit von Elektroinstallationen. Entscheidend sind die sogenannten VDE-Vorschriften, die vom Verband der Elektrotechnik, Elektronik und Informationstechnik herausgegeben werden [17]. Dabei handelt es sich um eine technisch-wissenschaftliche Vereinigung, welche Normen und Bestimmungen für den Bereich der Elektrotechnik zusammenstellt. Wissenswertes über dieses Regelwerk und die Bezugsmöglichkeiten werden hier kurz zusammengefasst.

Im Regelwerk werden Grundlagen zur Elektroinstallation genannt, wie etwa die Positionierung der Installationszonen und die Einhaltung des Plans. Drei Ausstattungswerte (Komfort-Werte von 1 bis 3 je nach Wohnraumgröße) sind vorgegeben, für Wohnungen von 100 Quadratmetern und weniger, zwischen 100 und 180 Quadratmetern und über 180 Quadratmetern. Darüber hinaus umfasst das Regelwerk spezielle Vorgaben und Bestimmungen zur Arbeit an elektrischen Anlagen. In der Gesamtfassung werden mehr als 3500 DIN-Normen, Leitlinien und Entwürfe aufgeführt, ergänzt durch entsprechende Beiblätter. Beim VDE Verlag sind neben dem eigentlichen Regelwerk ergänzend Handbücher zu verschiedenen Fachgebieten erhältlich sowie spezielle Erklärungen zum besseren Verständnis. Es ist empfehlenswert abzuklären, welche Regelungen konkret benötigt werden, da das komplette Werk mit allen Ergänzungen über 75'000 € kostet. Auch die Anzahl der Nutzerinnen und Nutzer ist entscheidend: Pro Person und Arbeitsplatz müssen extra Gebühren gezahlt werden.

Für Gewerbebetreibende gelten die Berufsgenossenschaftlichen Verordnungen (BGV, [18]). In diesen sind Prüffristen für elektrische Anlagen und Betriebsmittel gemäß DIN-Normen festgelegt. Die prüfungsfreien Zeiträume liegen zwischen 6 und 48 Monaten. Gemäß den Elektroinstallations-Vorschriften muss die Prüfung durch eine Elektrofachkraft beziehungsweise unter Aufsicht einer solchen erfolgen. Außerdem kann im Rahmen dieser Prüfung auch eine Energieberatung stattfinden, welche hilft, Betriebskosten einzusparen.

Selbst installierte Elektroanlagen dürfen gleichwertig in Betrieb genommen werden wie solche, die durch Berufsfachleute erstellt wurden. Die Fachleute der Elektrobranche, aber auch die Strom liefernden Unternehmen und die Gebäudeversicherungen müssen solche Anlagen akzeptieren und wie alle durch Fachhandwerker erstellte Anlagen behandeln.

Für Vermieterinnen und Vermieter hingegen gibt es keine Elektroinstallationsvorschriften. Zwar besteht eine Verkehrssicherungspflicht, diese ist allerdings bereits erfüllt, wenn die Vermietenden sich von Zeit zu Zeit von dem ordnungsgemäßen Zustand der Elektroinstallationen in den Mietwohnungen überzeugen. Dies sollten Sie als guter Vermieter/gute Vermieterin unbedingt tun, um die Sicherheit Ihrer Mieterinnen und Mieter zu erhöhen, Schäden zu vermeiden und sich rechtlich abzusichern. Denn bei einigen Schadensfällen durch defekte Elektroinstallationen wurden die Vermietenden in der Vergangenheit vor Gericht schuldig gesprochen.

8.2.2 Fotovoltaik (Stand 2022)

Die Bundesländer regeln, für welche Objekte ein Bauantrag erforderlich ist. Fotovoltaikanlagen sind in kleinerer Größe meistens bewilligungsfrei (Abbildung 25). Manchmal verbieten aber Denkmal-, Ortsbild- und Kulturgüterschutz die Errichtung. Zusätzliche bauliche Einschränkungen aus Gründen der Einhaltung von Grenzabständen und des Brandschutzes sind möglich. Aktuelle Bauordnungen ermöglichen einen relativ großzügigen Ausbau der erneuerbaren Energien in Deutschland [19]. In den jeweiligen Bundesländern werden Anlagen auf Dachflächen oder Fassaden identisch behandelt und sind in nachstehenden Fällen genehmigungsfrei.

Solaranlage auf/in Dachflächen oder Fassaden in

- Baden-Württemberg
- Berlin
- Bremen
- Hamburg
- Hessen
- Saarland
- Sachsen
- Sachsen-Anhalt

Solaranlage auf/in Dachflächen oder Fassaden mit Einschränkungen genehmigungsfrei

- für weniger als ein Drittel der vorhandenen Fläche des Daches oder der Fassade in
  - » Bayern
- ohne Hochhäuser in
  - » Brandenburg
  - » Mecklenburg-Vorpommern
  - » Niedersachsen (zusätzlich maximal 9 m lang und 3 m hoch)
  - » Nordrhein-Westfalen
  - » Rheinland-Pfalz (zusätzlich fern von Kultur- und Naturdenkmälern)
  - » Thüringen
- für Gebäude bis 7 m Höhe in
  - » Schleswig-Holstein

Solaranlage freistehend auf Grundstück mit Einschränkungen genehmigungsfrei

- bis maximal 9 m Gesamtlänge und 3 m Höhe in
  - » Baden-Württemberg
  - » Bayern
  - » Berlin
  - » Brandenburg
  - » Bremen
  - » Hamburg
  - » Hessen
  - » Mecklenburg-Vorpommern
  - » Nordrhein-Westfalen
  - » Rheinland-Pfalz (jedoch nur im Gewerbe und Industriegebiet)
  - » Saarland
  - » Sachsen
  - » Sachsen-Anhalt
  - » Schleswig-Holstein
  - » Thüringen

Solaranlage freistehend in jedem Fall bewilligungspflichtig in

  - » Niedersachsen

Für den Aufbau der Solaranlage müssen Sie Fachleute für Solarstrom beauftragen, die das System errichten und prüfen und beim Stromnetzbetreiber anmelden. Energieversorgungsunternehmen und Elektroinstallateur machen die Inbetriebnahme gemeinsam. Es ist zu empfehlen, schon bei der Planung Kontakt mit den entsprechenden Behörden aufzunehmen. Das Erneuerbare-Energien-Gesetz (EEG [20]) ermöglicht, selbst erzeugten Solarstrom, den Sie nicht selbst verbrauchen, zum Tarif der Einspeisevergütung an den örtlichen

Stromnetzbetreiber abzugeben. Ihr Strom wird dann im öffentlichen Stromnetz weiterverkauft.

8.2.3 Elektromobilität

Die Elektro-Mobilität stellt eine höhere Anforderung an das Lastmanagement, da hohe Anschlussleistungen erforderlich sind, sobald mehrere Ladestationen benötigt werden, wie das in Tiefgaragen einer Siedlung oder bei Mehrfamilienhäusern vorkommt. Grundsätzlich kann beim E-Mobil zwischen vier Ladearten unterschieden werden:

- Steckdose 230 V, 2,3 kW/h
- Wechselstrom 400 V, 11 kW/h
- Schnellladen, 20–140 kW/h
- Schnellladen mit gekühlten Kabeln (Stand 2022, z. B. Tesla, Audi, Porsche, Hyundai, Kia), 150–350 kW/h

Im Einfamilienhaus ist das Laden eines E-Mobils kein Problem, denn da genügt meistens eine Steckdose. Die meisten Fahrzeuge haben auch ein entsprechendes Ladekabel. Das Auto steht dann sicher einige Stunden in der Garage und eine lange Ladezeit je nach Fahrzeugtyp kann den nächsten Tagesverbrauch über Nacht decken. Je nach Hauszuleitung kann auch eine Wechselstrom-Ladestation montiert werden, eine Wandladestation oder Wallbox. Hier besteht in der Nacht die Gefahr, dass eine Überlast entsteht, wenn z. B. der Warmwasserspeicher lädt, die Wäsche gewaschen wird und noch ein Mitternachts-Imbiss gebacken wird.

Wallboxen dürfen nur von einem Fachbetrieb installiert werden und müssen immer beim Netzbetreiber angemeldet werden, genehmigungspflichtig sind nur solche mit über 11 kW Ladeleistung.

In Mehrfamilienhäusern und Tiefgaragen ist die Situation komplizierter. Meist sind die Hausanschlüsse nicht auf die erhöhte Stromnachfrage durch Elektroautos ausgelegt, weshalb ein Lastmanagement erforderlich ist. Sichtbar wird dieses durch das Flachbandkabel am Hausanschluss. Die einzelnen Ladestationen sind daran angeschlossen. Eine Kontrolleinheit überwacht den Stromfluss. Das heißt, wenn abends alle nach Hause kommen und ihre Fahrzeuge laden möchten, wird das System diese taktweise freigeben. Es kann dann vorkommen, dass am Morgen die Fahrzeuge nicht vollgeladen sind.

Länger währende Förderprogramme sind zum Zeitpunkt des Verfassens dieses Buchs nicht bekannt. Bitte informieren Sie sich bei Anbietern von Ladestationen. In manchen Bundesländern und Kommunen, teilweise aber auch von Stromversorgungsunternehmen, gibt es Zuschüsse für Privatpersonen. Bitte fragen Sie vor Ort nach.

8.2.4 Weihnachtsbeleuchtung

Private Weihnachtsdekorationen brauchen keine Bewilligung, da sie vorübergehend installiert und im Sinne einer Tradition betrieben werden. Bei Mit- oder

Mieteigentum kann es besondere Regelungen geben und eine Rücksprache erscheint bei größeren Vorhaben jedenfalls ratsam.

Bereits ab September verkaufen Baumärkte Weihnachtsbeleuchtungen und viele greifen zu: LED-Strahler, die verschiedene Muster auf die Fassaden werfen, Leuchtfiguren, künstlicher Schneefall mit LED-Leuchten, Leuchtgirlanden etc. Und die meisten machen sich nicht klar, dass sie mit überbordender Beleuchtung möglicherweise die Nachbarschaft stören (Abbildung 26).

Abb. 26: Es fängt meist harmlos an und jedes Jahr kommt dann etwas Neues hinzu. Bunt und blinkend verkommt manche Loggia zur Weihnachtsdisco.

Leider gibt es solche Negativbeispiele wie in Abbildung 26B immer wieder. Um die Weihnachtsbeleuchtung zurück in einen vernünftigen Rahmen zu lenken, ist der naheliegende erste Schritt die direkte Kontaktaufnahme mit den Weihnachtsbeleuchtern. Wenn das nichts bringt, ist es sinnvoll, sich bei der Gemeinde nach den aktuellen Nachtruhezeiten zu erkundigen. In Deutschland kann man sich auf die Ortsüblichkeit (§906 BGB) und die Nachtruhe (22:00–06:00 Uhr) abstützen. Demnach sollte aus Rücksichtnahme auf den Nachtbetrieb verzichtet werden. Außerdem sind helle, bunte oder blinkende Lichter anfälliger für eine Störwirkung beim Nachbarn.

Gerichte urteilen manchmal tatsächlich zugunsten der Verursachenden, aber immer nur dann, wenn die Lichtimmissionen aus ihrer Sicht ortsüblich und tolerierbar sind, wobei sie sich meist auf Messungen nach der Bund/Länder-Arbeitsgemeinschaft für Immissionsschutz (LAI, 2012): «Hinweise zur Messung, Beurteilung und Minderung von Lichtimmissionen» [11] stützen. Dann müssen die Betroffenen selbst für Lichtschutz sorgen, beispielsweise durch dichte Vorhänge. Verstöße aus Rücksichtslosigkeit und/oder in dunklen oder besonders sensiblen (Wohn-)Gebieten werden hingegen sehr wohl rechtlich verurteilt. Dank der Adaption der LAI 2012 in allen deutschsprachigen Ländern gibt es auch eine nahezu vergleichbare Beurteilung solcher Fälle (siehe Anhang A2).

8.3 Österreich

8.3.1 Was darf ich machen, wer kontrolliert?

Für Arbeitsstätten gilt die Elektroschutzverordnung 2012 (ESV), § 8: [21]. Eine Prüfung ist vor der Inbetriebnahme erforderlich, wenn eine elektrische Anlage

1. neu errichtet oder wiedererrichtet,
2. wesentlich verändert, erweitert oder instand gesetzt,

oder eine ortsveränderliche Anlage

3. verändert oder instand gesetzt

worden ist. Eine wiederkehrende Kontrollpflicht besteht in der Regel alle fünf Jahre.

Für Wohnbauten gilt die Elektrotechnikverordnung 2020 (ETV) § 7: [22]. Vermieterinnen und Vermieter stellen sicher, dass die elektrischen Anlagen der Mietwohnung den sicheren Betrieb gewährleisten. Falls die Steckdosen in der Wohnung nicht durch Schutzschalter abgesichert sind, muss mindestens ein Fehlerstromschutzschalter als Haustier- und Personenschutz mit höchstens 30 mA Auslösung in die Zuleitung zur Wohnung eingebaut werden. Man darf sich aber ohne Nachweis nicht darauf verlassen. Die Eigentümerinnen und Eigentümer haben also sicherzustellen, dass ein mangelfreier Zustand vorliegt.

8.3.2 Fotovoltaik (Stand 2022)

Auch hier regeln die Bundesländer einzeln [23].

Solaranlage auf/in Dachflächen oder Fassaden mit Einschränkungen genehmigungsfrei

Burgenland	bis 20 kW, Gebäude bis 7 m Höhe
Kärnten	Mitteilungspflicht
Oberösterreich	< 1,5 m Höhe über/Abstand zur Gebäudeoberfläche
Salzburg	auf Schrägdächern nicht mehr als 30 cm Abstand, Firsthöhe beibehalten; auf Flachdach < 1 m Höhe und 1 m Abstand zum äußeren Mauerwerk; Fassaden < 0,3 m von Gebäudeoberfläche
Steiermark	brutto < 400 m^2 und Höhe < 3,5 m, jedoch Meldepflicht
Tirol	≤ 20 m^2, < 0,3 m zur Gebäudehülle, jedoch Meldepflicht
Vorarlberg	< 0,3 m zur Gebäudehülle (Schrägdach und Fassade); auf Flachdach ≤ 1,2 m Höhe und Abstand zum Rand wie Höhe; es besteht Anzeigepflicht
Wien	Gebäudehöhe maximal 11 m; Neubauten Solarpflicht für Wohngebäude 1 kWp pro 300 m^2 Brutto-Grundfläche auf Gebäudehülle, kWp steht für Kilowatt-Peak, also der Spitzenleistung unter Laborbedingungen. Neubauten Solarpflicht mit Ausnahme von Wohngebäuden 1 kWp pro 100 m^2 Brutto-Grundfläche auf Gebäudehülle.

Solaranlage auf/in Dachflächen oder Fassaden, bewilligungspflichtig

Niederösterreich	Pflicht für Fotovoltaik ab 300 m^2 Baufläche und bei Klimaanlagen 12 kW
Steiermark	Neubauten Grundfläche > 100 m^2, Solarpflicht, sofern Jahressumme ≥ 900 kWh/m^2 am Standort

Solaranlage freistehend auf Grundstück mit Einschränkungen genehmigungsfrei

Burgenland	bis 35 m^2
Kärnten	bis 100 m^2, Mitteilungspflicht
Niederösterreich	< 50 kW
Oberösterreich	bis 5 kW, < 2 m Höhe, darüber bis 400 kW Anzeigepflicht
Steiermark	brutto < 400 m^2 und Höhe < 3,5 m, jedoch Meldepflicht
Wien	auf Carports/überdachten Stellplätzen, sofern diese bewilligt sind

Solaranlage freistehend in jedem Fall bewilligungspflichtig in

Salzburg
Tirol
Vorarlberg

Auch hier ist es sinnvoll, bereits in der Planung eine Fachfirma beizuziehen, damit die Entschädigungen und die maximale Größe bestimmt werden können.

8.3.3 Elektromobilität

Informationen zu den verschiedenen Typen von Lademöglichkeiten finden Sie in Kapitel 8.2.3. Im Einfamilienhaus ist die Ladezeit kaum je ein Problem. Meistens genügt ein 230-V-Anschluss. Das Auto steht ja einige Stunden da. Haben Sie Bedarf für eine Ladestation, legt die örtliche Behörde fest, ob das Vorhaben bewilligungsfrei, anzeigepflichtig oder genehmigungspflichtig ist. Sind die technischen Voraussetzungen gegeben, muss die Wallbox beim Netzbetreiber angemeldet werden, das heißt, Ihr Elektro-Fachbetrieb ist dazu verpflichtet, die Installation Ihrem Netzbetreiber zu melden.

8.3.4 Weihnachtsbeleuchtung

Private Weihnachtsdekorationen brauchen keine Bewilligung, da sie vorübergehend installiert und im Sinne einer Tradition betrieben werden. Bei Mit- oder Mieteigentum kann es besondere Regelungen geben und eine Rücksprache erscheint bei größeren Vorhaben ratsam zu sein.

In Österreich kann man sich auf die Ortsüblichkeit (§364 Abs. 2 ABGB) und die Nachtruhe (22:00–06:00 Uhr) abstützen. Die Grenze der Ortsüblichkeit wird bei der allgemeinen Gesundheitsgefährdung erreicht. Findet Ihre Nachbarschaft keinen ruhigen Schlaf mehr, darf sie sich wehren.

Die ÖNORM O 1052:2022 hat die Empfehlungen der LAI 2012 [11] aufgenommen (siehe Anhang A2). Somit sind erhebliche Störlichter je nach Bewertungsgebiet und Uhrzeit nachweisbar und untersagt. Aus diesem Grund sollten Sie auf helle, bunte und blinkende Lichtquellen verzichten.

8.4 Schweiz

8.4.1 Was darf ich machen, wer kontrolliert?

Seit Längerem sind kleinere Elektroarbeiten im eigenen Haus erlaubt. Dies gilt aber nur im Bereich der Lichtinstallation (230 V). Eine neue Zuleitung etwa zum Backofen muss hingegen durch eine Fachkraft verlegt werden, da diese mehr Anschlussleistung und eine bessere Isolation erfordert (380 V, 220 °C). Im Bereich von 400 V-Installationen könnte es passieren, dass Laien die stromführenden Leiter (Phasen) falsch anhängen. Dann kann z. B. ein Motor falschherum drehen.

Um die Sicherheit elektrischer Anlagen zu gewährleisten, verlangt das Eidgenössische Starkstrominspektorat (ESTI) eine Kontrolle (sie nennt sich «Sicherheitsnachweis») durch eine unabhängige Stelle. Ein Sicherheitsnachweis muss in folgenden Fällen erstellt werden:

- Bei der Übergabe der Installation an den Eigentümer.
- Bei Neubauten, Umbauten, Erweiterungen und Anpassungen.

- Periodisch nach Art. 36 Abs. 1 NIV (Niederspannung-Installations-Verordnung). Im Bereich von Wohnbauten ist das in der Regel alle 20 Jahre der Fall.
- Bei Inbetriebnahme von Fotovoltaikanlagen mit mehr als 0,6 kW Leistung.

Bei der periodischen Kontrolle fordern die Netzbetreiber die Eigentümerinnen und Eigentümer, deren elektrische Installationen aus ihrem Niederspannungsverteilnetz versorgt werden, mindestens sechs Monate vor Ablauf der Kontrollperiode schriftlich auf, den Sicherheitsnachweis nach Artikel 37 NIV bis zum Ende der Kontrollperiode einzureichen.
Entdeckte Mängel werden in drei Gruppen aufgeteilt:

- **Gefährlich!** Teile der Anlage werden meistens sofort stillgelegt. Beispiele wären hier ein Isolationsdefekt oder unter Spannung stehende Teile.
- **Problem!** Teile der Anlage haben Mängel und diese Mängel müssen durch eine Fachkraft beseitigt werden. Es kann sich um Anlagen handeln, die die Höchstnutzungsdauer erreicht haben und eine Gefährdung darstellen.
- **Kritisch!** Es sind Mängel vorhanden; diese sind aber nicht gefährlich und können daher innerhalb von sechs Monaten behoben werden.

Das Energie liefernde Unternehmen wird entsprechend informiert. Diesem ist auch die erfolgte Behebung der Mängel zu melden. Unterbleibt dies, wird die Eigentümerin oder der Eigentümer gemahnt und im schlimmsten Fall werden Bußgelder eingezogen oder die Energielieferung wird eingestellt.

8.4.2 Fotovoltaik (Stand 2022)

Durch den Wandel hin zu alternativen Energiequellen findet ein Umdenken bei der Installation von Fotovoltaikanlagen statt. Bis 600 Watt Anschlussleistung sind in der Schweiz bewilligungsfrei, da diese den Eigenbedarf eines Einfamilienhauses decken. Kühlschrank und Tiefkühler laufen fast immer und haben schnell einmal 400 Watt. Dann kommen noch die vielen Stand-By-Funktionen von drahtlosem Internet, Fernsehen etc. hinzu. Bei bestehenden Objekten ist es wichtig, abzuklären, ob die Hauszuleitung genügend abgesichert ist.

Im Grundsatz gilt: Jede größere Anlage, die viel Strom bezieht oder liefert, muss durch das Energie-Versorgungs-Unternehmen (EVU) bewilligt und von Fachleuten installiert und geprüft werden. Da es kantonale, regionale und kommunale Energieversorgungsunternehmen gibt, wechselt je nach Wohnort die Zuständigkeit. Um herauszufinden, wer für Ihre Liegenschaft zuständig ist, reicht meistens ein Blick auf die Stromrechnung; alternativ kann man sich bei der Gemeinde erkundigen, wer den Strom in Ihre Liegenschaft liefert.

8.4.3 Elektromobilität

Informationen zu den verschiedenen Typen von Lademöglichkeiten finden Sie in Kapitel 8.2.3.

Im Einfamilienhaus gibt die Ladezeit kaum je ein Problem. Meistens genügt ein 230-V-Anschluss. Das Auto steht ja einige Stunden da.

8.4.4 Weihnachtsbeleuchtung

Private Weihnachtsdekorationen brauchen keine Bewilligung, da sie vorübergehend installiert und im Sinne einer Tradition betrieben werden. Bei Mit- oder Mieteigentum kann es besondere Regelungen geben und eine Rücksprache erscheint bei größeren Vorhaben jedenfalls ratsam.

Leider gibt es Negativbeispiele wie in Abbildung 27 dargestellt immer wieder. In diesem Falle sollte der erste Schritt die direkte Kontaktaufnahme mit den Besitzern der Weihnachtsbeleuchtung sein. Wenn das nichts bringt, ist es sinnvoll, sich bei der Gemeinde nach den aktuellen Nachtruhezeiten zu erkundigen.

Im Umweltschutzgesetz (USG Art. 11 Abs. 2) gilt das Vorsorgeprinzip, Licht soll weder störend noch lästig sein. Verstöße aus Rücksichtslosigkeit und/oder in dunklen oder besonders sensiblen (Wohn-)Gebieten werden sehr wohl rechtlich verurteilt. Wichtig ist es zu verstehen, dass Lichtimmissionen immer im Einzelfall und im Zusammenhang mit der Umgebung (Sensitivität der Zone) und der Quelle (Worum handelt es sich tatsächlich und was ist der Zweck?) beurteilt werden.

Ein Leitentscheid des Schweizerischen Bundesgerichts verbietet Zierbeleuchtungen nach 22:00 Uhr. Ausnahmen gelten für die Weihnachtsbeleuchtungen vom 1. Advent bis zum 6. Januar. Diese dürfen bis 1:00 Uhr nachts betrieben werden, sofern sie durch die Gemeinde nicht stärker zeitlich begrenzt werden. Wichtig sind bei diesen Beleuchtungen warme Lichtfarben in Richtung Gelb und ein Verzicht auf blinkende oder wechselnde Elemente, da diese als besonders störend empfunden werden. Auch die Helligkeit ist zu berücksichtigen. Als Beispiel dient hier ein Weihnachtsbaumverkauf, welcher nach einer Intervention mit Fotonachweis (Abbildung 27) die Beleuchtung reduzieren musste.

Abb. 27: Dieser Weihnachtsbaumverkauf musste seine Beleuchtung reduzieren.

Gegen zu viel Licht im Wohnraum von außen darf man sich in allen deutschsprachigen Ländern wehren. In der Nachtruhezeit gelten Richtwerte von weniger als 1 Lux in den meisten Wohnungen, außer in städtischen Kernzonen und Industriegebieten (weniger als 5 Lux).

Anhänge

A1 Begriffe rund ums Licht

Licht kurz erklärt
Natürlich und technisch werden durch Energieübergänge zwischen unterschiedlichen Zuständen von Materie Schwingungsenergien als Strahlung freigesetzt. Das elektromagnetische Spektrum reicht von hochenergetischer Strahlung (Kosmische, Gamma und Röntgen) über ultraviolettes Licht, sichtbares Licht, infrarotes Licht (Wärmestrahlung) bis hin zu Mikrowellen und Radiowellen. Von Licht spricht man also nur im angrenzenden unsichtbaren (UV, IR) und sichtbaren Bereich (VIS).

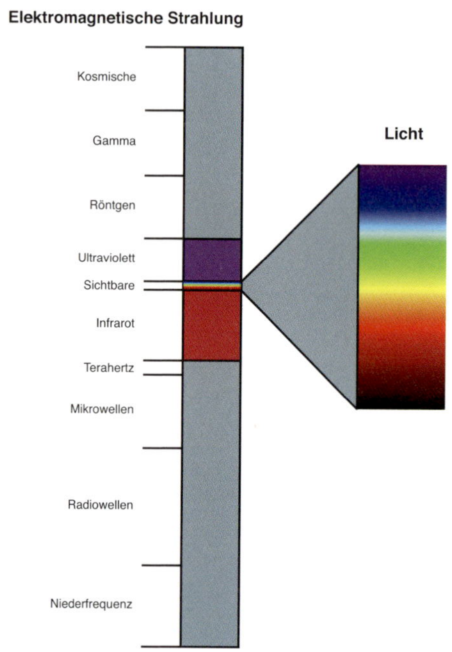

Abb. 28: Links alle Spektralbereiche der elektromagnetischen Strahlung nach ihrer Frequenz oder Energie aufgetragen (tiefe unten, hohe oben). Dadurch befinden sich oben die kürzesten, unten die längsten Wellen.

Licht kann man messen oder berechnen
Radiometrisches Licht: Messung als Energieleistung der Quelle oder beim Empfänger über das ganze Spektrum des Lichts. Diese Messungsart setzt voraus, dass das Messgerät keine Filterung der Strahlung vornimmt und alle

Spektralbereiche von Ultraviolett bis Infrarot detektiert. Üblicherweise schafft das ein Radiometer oder ein ungefiltertes Spektrometer.
Radiofotometrisches Licht nach CIE (Internationale Beleuchtungskommission): Die Lichtmessung (mit Spektrometer oder Radiometer) wird am Rande des für das menschliche Auge sichtbaren Lichts beschnitten, also meist außerhalb der normierten 380–780 Nanometer Wellenlänge, aber es enthält noch die gesamte empfangene Strahlungsleistung im inneren Bereich.
Fotometrisches Licht nach CIE: Die Lichtmessung (mit Spektrometer oder Radiometer) wird mit einer Normkurve für das vom menschlichen Auge sichtbare Licht gefiltert. Üblich ist in den Normen das Tagsehen, also die Kurve für Licht, welches so hell ist, dass wir es mit den Farbrezeptoren sehen können. Die Sichtbarkeitslinie summiert das Licht in Lumen. Lumen beim Lampenkauf stehen für den Lichtstrom rund um die Lampe in alle Richtungen, also auch oben, unten, seitlich und von der Rückseite. Daher bezieht sich jeder Lampenkauf nach Lumen immer auf das gesamte in alle Richtungen ausgestrahlte und für uns Menschen nur zum Teil sichtbare Licht (geometrisch) und ignoriert die für uns unsichtbaren Lichtanteile (Ultraviolett- und Wärmestrahlung).

Effizienz einer Lampe

Die Effizienz einer Lampe bezieht sich darauf, wie viele Lumen pro Watt (elektrische Leistung) erzeugt werden. Sie wird von den Herstellerfirmen als technisch wichtigstes Argument für die neuesten Produkte verkauft und wurde von der Politik dankbar aufgegriffen.

Effizienz einer Leuchte

Die Effizienz einer Leuchte bezieht sich darauf, wie viele Lumen pro Watt in Richtung der tatsächlichen Nutzfläche abgegeben werden. Die Leuchte vernichtet einen Teil der Effizienz der Lampe durch Reflektion, Brechung und Abschirmung oder Lichtverschwendung in unerwünschte Richtungen. Die ineffizientesten Leuchten, die es gibt, sind Kugelleuchten, Himmelsstrahler und Bodenleuchten, gefolgt von offenen zylindrischen Leuchten und flächigen Wandleuchten.

Suffizienz einer Leuchte

Entscheidend ist nicht, was die Lichtquelle erzeugen kann, sondern was für Licht wann, wo, in welcher Quantität und Qualität benötigt wird. Licht wird intelligent, nach Bedarf gesteuert, gedimmt, ausgeblendet und abgeschaltet. Die Lumen (Lichtstrom) pro Zeit bzw. die Kilowattstunden benötigte Energie sinken dadurch auf das notwendige Minimum. Die intelligente Steuerung der Straßenbeleuchtung kann z.B. individuell auf die Verkehrsteilnehmerinnen und Verkehrsteilnehmer oder volumenbasiert auf die Nutzerfrequenzen reagieren und die Beleuchtungsstärke den zulässigen Normen dynamisch anpassen.

Physikalische Maße für Licht

Farbtemperatur, Einheit: Kelvin [K]
Die Farbtemperatur oder korrelierte Farbtemperatur (CCT) ist eine Angabe für das Aussehen der Lichtfarbe einer Lampe. Der Ursprung liegt in der physikalischen Temperatur von glühenden Materialien. Bei kalten Lichtquellen wie LED ist Kelvin eine Angabe, die das Licht so ähnlich aussehen lässt wie glühendes Material, das dieser physikalischen Temperatur entspricht. Die Farbtemperatur reicht von rot über orange über gelb über weiß hin zu blau und folgt der Schwarzkörperkurve, einem Farbverlauf, der für jede Temperatur einem perfekten Strahlungsgleichgewicht entspricht. Grünes oder purpurnes Licht kommt im Temperaturspektrum nicht vor.

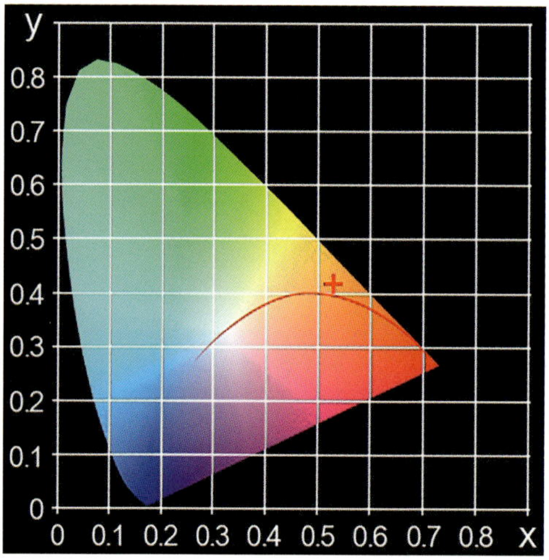

Abb. 29: Farbort einer Lichtquelle nach CIE 1931.

Die Lampe in Abbildung 29 liegt mit 2000 Kelvin bei orange (rotes Kreuz). Alle glühenden Lichtquellen folgen der Schwarzkörperkurve (rote Linie). Bei kalten Lichtquellen lässt sich die Farbe daher nicht mehr zuordnen, wenn sie zu weit von dieser Linie entfernt sind. Eine monochrome grüne oder purpurne LED hat deshalb keine Farbtemperatur. Auf der Verpackung wird die Kelvinzahl meist klein gedruckt bei der Angabe der Lichtfarbe (kaltweiß, neutralweiß, warmweiß) vermerkt, oder man findet bei den Kennzahlen die korrelierte Farbtemperatur (CCT) in Kelvin angegeben.

Farbwiedergabe, Einheiten: CRI (Color Rendering Index) oder Ra (allgemeiner Referenzindex)
Befände sich der Farbort der Lichtquelle in Abbildung 29 auf der roten Kurve und näher am Weißpunkt, würde das Licht alle Farben gleich gut wiedergeben

und hätte sicher einen CRI- oder Ra-Wert von 100 (so wie das Sonnenlicht). Die Farbwiedergabe der Leuchte mit dem roten Kreuz hätte einen Wert von nur 25. In deren Licht sähe alles orangefarben aus.

Lichtstrom, Einheit: Lumen [lm]
Der Lichtstrom bezeichnet die gesamte abgegebene Lichtmenge (in alle Richtungen) einer eingeschalteten Lampe. Umgangssprachlich spricht man auch von Lichtintensität oder Lichtleistung. Wie viel Licht erzeugt eine Lichtquelle, wenn sie eingeschaltet ist? Auf der Verpackung der Lampen sind die Lumen der Lampe aufgedruckt. Die Einheit ist 1 lm.

Lichtstärke, Einheit: Candela [cd]
Stellen Sie sich eine einzelne Kerze vor und wie viel Licht diese Flamme in sich vereint. Die Flamme ist annähernd eine Punktlichtquelle. Aus fast jeder Richtung sehen wir sie gleich viele Lumen abstrahlen, nämlich 1 Candela = 1 Lumen pro Raumwinkel (Kegel in einer Kugel mit einem Quadratmeter Schnittfläche in einem Meter Radius vom Zentrum). Die Einheit ist 1 cd.

Beleuchtungsstärke, Einheit: Lux [lx]
Im Abstand von einem Meter von der Kerzenflamme trifft auf einen Quadratmeter Fläche ein Lumen pro Quadratmeter Licht auf. Ein Lux ist genau das: $1\ \text{lx} = 1\ \text{lm} / \text{m}^2$.

Schnittstellen zur Lichtsteuerung

- Zhaga-D4i: Das Zhaga Konsortium bringt die Beleuchtungsindustrie weltweit auf einen offenen Standard rund um LED-Lichtelektronik, -Module, -Matrixen, -Halterungen, -Steuerungen, -Verbinder (Leiter), und -Sensoren. Komponenten von Straßenleuchten sind so herstellerunabhängig austauschbar geworden. https://www.zhagastandard.org
- DALI-Bus: Die Digital Adressierbare Licht-Schnittstelle (Interface) ist für lichttechnische Anlagen in der Gebäudeautomation entwickelt worden. Jedes Gerät kann über die Datenleitung einzeln oder als Gruppe angesprochen und geschaltet oder gedimmt werden. https://www.dali-alliance.org/
- DMX-Bus: DMX steht für Digital Multiplex und wurde für die Kommunikation mit der Bühnenlichttechnik erfunden und ist älter als DALI. Heute wird es ebenfalls für Haustechnik eingesetzt. https://de.wikipedia.org/wiki/DMX_(Lichttechnik)

Auswirkungen von Licht auf die Tierwelt
Die menschenzentrierte Sicht der Beleuchtungsindustrie hat historische Gründe und ist verständlich, denn man möchte das Licht für uns Menschen nutzen. Setzt man jedoch die ökologische Brille auf, sieht man das Licht mit anderen Augen (Tabelle 1).

Energie	Farbe	Empfindsame Tierarten
2.5	Infrarot	Amphibien, Reptilien, Vögel
2.9	Rot	Süßwasserfische, Amphibien, Reptilien, Vögel, Säugetiere (ohne Fledermäuse)
3.3	Orange	Süßwasserfische, Amphibien, Reptilien
3.4	Gelb	Süßwasserfische, Amphibien, Reptilien
3.7	Grün	Süßwasserfische, Amphibien (>550 nm), Reptilien (>550 nm), Vögel, Säugetiere (ohne Fledermäuse), Fische, Fledermäuse, Insekten
4.3	Blau	Süßwasserfische, Amphibien, Reptilien, Vögel, Säugetiere (ohne Fledermäuse), Fische, Fledermäuse, Insekten, (Zooplankton)
4.8	Violett	Süßwasserfische, Amphibien, Reptilien, Vögel, Säugetiere (ohne Fledermäuse), Fische, Fledermäuse, Insekten, (Zooplankton)
5.1	Ultraviolett	Süßwasserfische, Amphibien, Reptilien, Vögel, Säugetiere (ohne Fledermäuse), Fische, Fledermäuse, Insekten, Zooplankton

Tabelle 1: Lichtfarben, auf die verschiedene Tierarten reagieren. Die Tabelle wurde vom französischen Pendant von DarkSky (ANPCEN) 2015 in einer Metastudie publiziert und von uns adaptiert (ANPCEN 2015).

DarkSky-Fachleute weltweit vermuten, dass das kalte, violette und blaue Licht ökologisch mehr Probleme verursacht als das warme gelbe, orange und rote Licht. Dies zum einen wegen des Energieunterschieds, zum anderen aber vor allem auch wegen der natürlichen Lichtstreuung in der Atmosphäre.

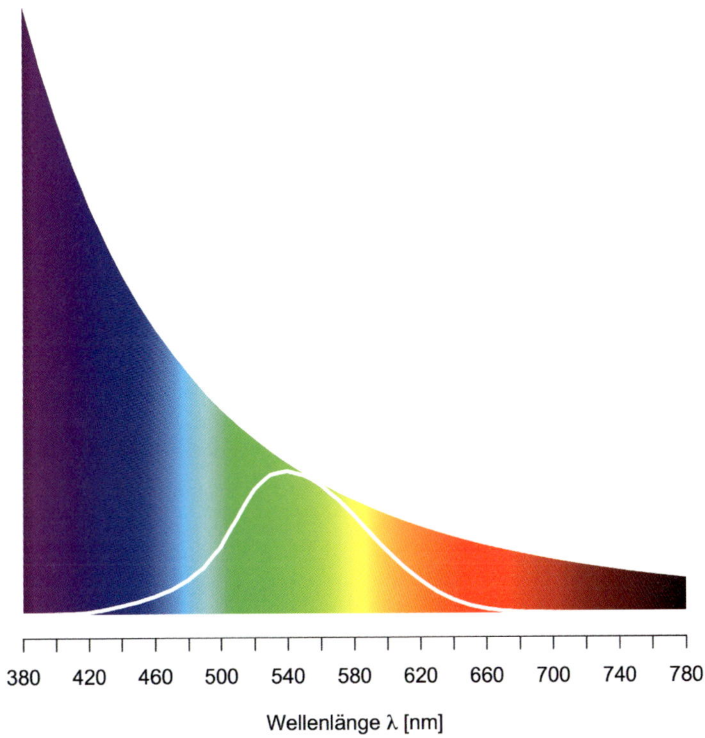

Abb. 30: Streulichtanteil in Luft nach Farben.

Der Streulichtanteil in der Atmosphäre (Abbildung 30) ist bei kurzwelligem Licht viel größer als bei langwelligem Licht. Daher ist der Fokus auf den Menschen und sein Farbsehen in Lumen, wo das grüngelbe Maximum (weiße Kurve) gewinnt, etwas verzerrend im Hinblick auf die Auswirkungen in der Luft und im Tierreich. Die menschliche Sicht hat auch lange vernachlässigt, wie unterschiedlich stark die Wahrnehmungen von kurzwelligen und langwelligen Rezeptoren im Auge geschaltet sind. Je kurzwelliger die Strahlung, desto höher ist das Maximum bei gleicher Empfindlichkeit. Warum das Farbsehen trotzdem so herauskommt, wie die weiße Kurve in Abbildung 30, hat mit der Häufigkeit der Rezeptoren und dem Ansprechen über das Tageslicht zu tun.

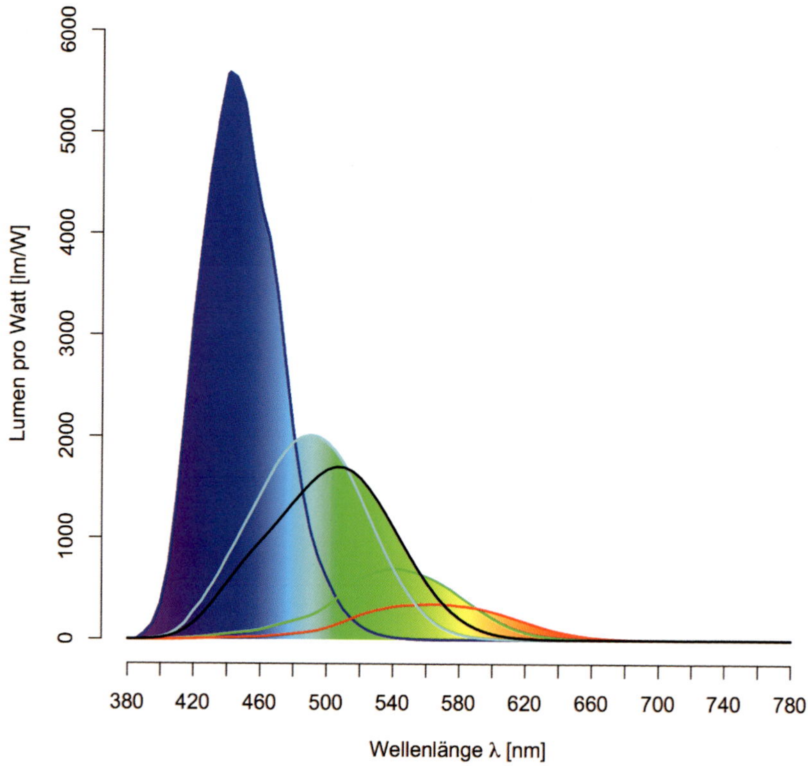

Abb. 31: Empfindlichkeit einzelner Rezeptoren im menschlichen Auge, «geeicht» auf die Effizienzkonstante in Lumen pro Watt. Die Rezeptoren in Abbildung 31 von links nach rechts nach Linienfarben stehen für:

- Blau: Blauer Farbrezeptor (Farbsehen am Tag und Dämmerungssehen)
- Türkis: Melanopsin-Rezeptor (Innere Uhr), sendet unsichtbares Aktivitätssignal zur Steuerung der Melatonin-Unterdrückung und des Pupillenreflexes, arbeitet in der Wachphase vermutlich mit dem Blaurezeptor zusammen.
- Schwarz: Hell-Dunkel-Rezeptor (Stäbchen), am Tag für das breite Gesichtsfeld (Kontraste) zuständig, vor allem in der Dämmerung (Dämmerungssehen) und in der Nacht essentiell (Nachtsehen).
- Grün: Grüner Farbrezeptor (Farbsehen am Tag und Dämmerungssehen), gemeinsam mit Blau für Türkis
- Rot: Roter Farbrezeptor (Farbsehen am Tag und Dämmerungssehen), gemeinsam mit Blau für Violett und Purpur, gemeinsam mit Grün für Gelb.

Verglichen mit uns Menschen kann die Empfindlichkeit bei Nachttieren noch viel akzentuierter sein, z.B. bei Fledermäusen oder Eulen.

A2 Normen und gesetzliche Grundlagen

Normen bezüglich Licht werden auf der internationalen Ebene in der CIE (Commission Internationale d'Éclairages [24]) vornehmlich durch Fachleute aus der Branche der Beleuchtungsindustrie und des Messwesens für Licht erarbeitet.

Wo	Normung	Lichtgesellschaften, Austausch
International	ISO Internationale Organisation für Normung	CIE Internationale Beleuchtungs-kommission (Commission Internationale de l'Éclairage)
Europäisch	CEN Europäisches Komitee für Normung EN (EU)	LUX Europa Konferenz Lighting Europe (Europäische Lichtindustrie)
DACH-Länder		LICHT Konferenz (DACH und NL)
	DIN (Deutschland)	LiTG (Deutsche Lichttechnische Gesellschaft e.V.)
	ÖNORM (Österreich)	LTG (Lichttechnische Gesellschaft Österreich)
	SN (Schweiz)	SLG (Schweizer Lichtgesellschaft), SIA (Schweizerischer Ingenieur- und Architektenverein)
Weitere europäische Länder		
	AFNOR (Frankreich)	AFE (Französische Gesellschaft für Beleuchtung)
	ASRO (Rumänien)	A.R.I (Rumänische Lichtgesellschaft) CNRI (Nationales Rumänisches Komitee für Beleuchtung)
	BDS (Bulgarien)	BG (Bulgarische Lichtgesellschaft)

Wo	Normung	Lichtgesellschaften, Austausch
	BSI (Großbritannien)	SLL (Gesellschaft für Licht und Beleuchtung)
	ČSN (Tschechische Republik)	CLS (Tschechische Lichtgesellschaft)
	DS (Dänemark)	Dänisches Zentrum für Licht (DCL)
	ILNAS (Luxemburg)	
	IPQ (Portugal)	PLA (Portugiesische Lichtgesellschaft)
	IST (Island)	
	LVS (Lettland)	ATCI (Lettische Gesellschaft der Beleuchtungsindustrie)
	LST (Litauen)	LLA (Litauische Lasergesellschaft)
	MSA (Malta)	
	MSZT (Ungarn)	VTT (Ungarische Gesellschaft für Beleuchtung)
	NBN (Belgien)	IBE-BIV (Institut Belge de L'Eclairage / Belgisch Instituut voor Verlichtingskunde)
	NEN (Niederlande)	NSVV (Niederländische Stiftung für Beleuchtung)
	NS (Norwegen)	NLK (Norwegisches Lichtkomitee), Lyskultur (Norwegische Licht- und Beleuchtungsgesellschaft)
	NSAI (Irland)	LAI (Lichtgesellschaft Irland)
	PN (Polen)	SEP (Polnisches Beleuchtungskomitee)
	SA (Slowenien)	

Wo	Normung	Lichtgesellschaften, Austausch
	SFS (Finnland)	AFLE (Gesellschaft Finnischer Lichtproduzenten)
	SIS (Schweden)	SLF (Gesellschaft Schwedischer Lichtdesigner)
	STS (Slowakei)	SLS (Slowakische Lichtgesellschaft)
	UNE (Spanien)	CEI (Spanisches Komitee für Beleuchtung)
	UNI (Italien)	AIDI (Italienische Gesellschaft für Beleuchtung)
USA	ANSI, NIST (USA)	IES (Illuminating Engineering Society)

Die CIE macht die Grundlagenarbeit zum Licht und den Umgang mit Licht, einschließlich der Vermeidung unerwünschter Auswirkungen auf den Nachthimmel und den Menschen (CIE 126, CIE 150). Die CIE unterscheidet bei ihrer Arbeit folgende Themenbereiche:

- Wahrnehmung (Sicht und Farbe)
- Messung von Licht und Strahlung
- Lichtdesign für Innenräume
- Mobilität und Außenbeleuchtung
- Physiologie der Photonen
- Bildtechnik

Das Europäische Komitee für Normung CEN [25] befasst sich im Technischen Komitee TC 169 [26] für Licht und Beleuchtung in Arbeitsgruppen bei der Ausarbeitung der europäischen Normen mit den vielen Aspekten des Lichts. Die EU publiziert europäische Normen unter dem Kennzeichen EN für Euronorm. TS steht für Technische Spezifikation, CR und TR stehen für Technischer Bericht.

Technisches Komitee TC 169 für Licht und Beleuchtung der CEN

Arbeitsgruppen	Erarbeitete Berichte, Spezifikationen und Normen
Grundlagen Licht und Beleuchtung	EN 12665
Tageslicht	EN 17037
Straßenbeleuchtung	EN 13201-1 EN 13201-2 EN 13201-3 EN 13201-4 EN 13201-5
Beleuchtung von Arbeitsplätzen	EN 12464-1 EN 12464-2 EN 13032-2 TS 17165
Notfallbeleuchtung	EN 1838 EN 13032-3
Sportstättenbeleuchtung	EN 12193
Tunnelbeleuchtung	CR 14380 EN 16276
Fotometrie	EN 13032-1 EN 13032-4
Fotobiologie	EN 14255 EN 16237 TR 16791
Energieeffizienz von Bauten – Anforderungen an die Beleuchtung	EN 15193
Eignung optischer Materialien für Leuchtkörper	EN 16268

Es ist dann die Aufgabe nationaler Normungsorganisationen, die für die technische Praxis verbindlichen Lichtnormen herzuleiten und zu benennen. Teils obliegt die Festlegung der nationalen Normen den Lichtgesellschaften oder Gesellschaften für Architektur und Ingenieurwesen, die ebenfalls vor allem

Branchenvertretungen sind. Da staatlich anerkannt, wirkt eine solche Norm rechtlich dennoch verbindlicher als eine industrie-interne Regelung oder Zertifizierung.

Die nationalen Gerichte wenden internationale CIE-Licht-Normen sehr selten an, sie stützen sich vorzugsweise auf die nationalen Gesetze und Normen, die diese integrieren. Die deutschsprachigen Lichtgesellschaften (DACH und NL) treffen sich alle zwei Jahre zu einer Konferenz LICHT zum gegenseitigen Austausch in einem der Länder.

In deutschsprachigen Ländern besteht keine allgemeine Beleuchtungspflicht für Straßen. Die Gemeinden entscheiden meistens autonom, ob, wann und wo sie Straßenbeleuchtung brauchen.
Eine Gemeinde oder Stadt kann sich also bewusst für die Dunkelheit entscheiden oder Beleuchtungen für die Dunkelheit optimieren, so wie das beispielsweise in der Stadt Fulda geschieht, die sich durch DarkSky International 2019 als Sternenstadt zertifizieren ließ (zugrunde liegt das Label als International DarkSky Community).

Gemeinden sind für Ordnung und Sicherheit zuständig
Aus diesem Anspruch heraus fällt meist die Entscheidung für vermehrte Beleuchtung, obwohl immer noch mehr Licht nicht notwendigerweise mehr Sicherheit bedeutet. Die zusätzliche Sichtbarkeit dank künstlichem Licht trägt nur einen Teil zur Sicherheit bei, ebenso zentral sind andere Menschen und deren Hilfsbereitschaft. Ohne die soziale Komponente bleibt Sicherheit eine Illusion. So wurde zum Beispiel ein Bankomat auf einem, die ganze Nacht über, hell erleuchteten Areal schon mehrmals ausgeraubt, weil da nachts einfach niemand ist, der das beobachten könnte.

Zuviel Licht erzeugt oft Blendung und Blendung mindert die Sicherheit genauso wie absolute Dunkelheit. Erst eine gleichmäßige, reduzierte Beleuchtung ohne Blendung erzeugt Sicherheit.

Es besteht unter Fachleuten beinahe Konsens, dass Fußgängerüberwege oder Fußgängerstreifen aus Sicherheitsgründen auch nachts beleuchtet werden sollen. in Deutschland ist dies Vorschrift, in Österreich regelt das die ÖNORM O 1051:2019. In der Schweiz gibt es ein paar Gemeinden, die die Beleuchtung an weniger frequentierten Fußgängerüberwegen nachts abschalten, was nicht jeder übergeordneten Behörde passt. Deshalb wurden auch schon Fußgängerstreifen entfernt, um in gering frequentierten Ortschaften Dunkelheit den Vorzug zu geben und diese Diskussion zu beenden.

Lichtnormen sind übrigens nur auf konkrete Situationen anwendbar und gelten rechtlich auch nur dann, wenn eine Beleuchtung in Betrieb genommen ist. In Gesprächen bewertet die Schweizer Lichtgesellschaft zu große Hell-Dunkel-Kontraste für Verkehrsteilnehmende als das größere Risiko als gleichmäßig behandelte Straßenabschnitte.

Rechtliche Normen und Gerichtsentscheidungen zum Thema Licht in Deutschland, Österreich und der Schweiz

Deutschland

Deutschland adaptiert die etablierten europäischen EN-Normen unter der eigenen DIN. Die Normen für Straßenbeleuchtung, DIN EN 13201, beschreiben, wie in ganz Europa, die Planungsgrundlagen, aber auch den Spielraum in Bezug auf die verkehrsabhängige Reduzierung. Die Bundesländer Bayern, Baden-Württemberg, Berlin und Sachsen schreiben ihren Gemeinden eine finanzierbare Beleuchtung innerorts vor. Für gewerbliches Licht, das in der Nachbarschaft stören könnte, sind Lichtemissionen und -immissionen im Bundes-Immissionsschutzgesetz (BImSchG) reguliert. Zur einheitlichen Beurteilung beschloss die Bund/Länder-Arbeitsgemeinschaft für Immissionsschutz (LAI) 2012 die «Hinweise zur Messung, Beurteilung und Minderung von Lichtimmissionen» (LAI 2012, [11]). Diese ist in Deutschland und Österreich nicht auf die Straßenbeleuchtung anwendbar (dazu dienen die oben erwähnten Normen). 2015 kam Anhang 2 «Empfehlungen zur Ermittlung, Beurteilung und Minderung der Blendwirkung von großflächigen Freiflächen-Fotovoltaikanlagen im Rahmen von Baugenehmigungsverfahren» dazu.

In allen deutschsprachigen Ländern lohnt es sich, die lokalen Baubestimmungen für Planungen zu beachten und gegebenenfalls auch im Polizeirecht der Gemeinde nachzuschlagen, wann und wie Lichtquellen als störend gelten.

Im Grundsatz müssen nach Stand der Technik auch bei nicht bewilligungspflichtigen Anlagen die Auflagen der LAI 2012 eingehalten werden, wodurch eine Rücksichtnahme auf die Nachbarschaft in der Nachtruhezeit immer ein Gebot der Stunde sein sollte. Das Bundesnaturschutzgesetz (BnatschG) enthält zudem ein Tötungsverbot für gefährdete Tiere und ein Störungsverbot für Tiere und Naturschutzgebiete.

Wer in Deutschland Außenbeleuchtung nachhaltig verändern oder beurteilen möchte, sei auf das Bundesamt für Naturschutz und den Leitfaden von Schroer und Mitarbeitenden verwiesen [27].

Bundesverwaltungsgerichtsentscheide [28] in Zusammenhang mit Licht

Licht an Tunnelportal stört nicht, weil Umgebung bereits hell ist und Fledermäuse fehlen. BverwG, Urteil vom 03.11.2020 – 9 A 12.19

Licht an Elbtunnel soll auf Insekten Rücksicht nehmen, Fledermäuse fehlen. BverwG, Urteil vom 10.11.2016 – 9 A 19.15

Mega-Light Werbeanlage in Wohngebiet zu störend, keine Bewilligung möglich. BverwG, Beschluss vom 10.07.2006 – 4 B 45.06

Lichtemissionen aus verglastem Wintergarten sind zumutbar. BverwG, Beschluss vom 17.03.1999 – 4 B 14.99

Da wir in Deutschland nur wenige Urteile der letzten Instanz gefunden haben, listen wir nachfolgend die Urteile der zweitletzten Instanzen (Obersten Gerichtshöfe) und teils untergeordneten (Landgerichte) auf. Die gewerbliche Nutzung von Gerichts-Zitaten ist in Deutschland in einigen Bundesländern untersagt, daher beschreiben wir die Urteile in eigenen Worten und überlassen Ihnen die Suche für den Eigenbedarf im Internet.

Oberste Gerichtshöfe [29], Entscheide in Zusammenhang mit Licht

Verwaltungsgerichtshof Baden-Württemberg (in Mannheim)

2013	Bei einer Sportanlage wurden die Lichtimmissionen nicht ausreichend berücksichtigt, der Plan für die Bauten wurde abgelehnt.
2012	Wenn eine Bildschirmwerbeanlage den Anforderungen der LAI-Richtlinien von 2012 entspricht und diese einhält, muss sie toleriert werden.
2010	Eine Flutlichtanlage wurde genehmigt, da die Beurteilung der Auswirkung der Immissionen auf belichtete Kulturpflanzen noch nicht möglich sei.
2007	Die Gemeinden dürfen Straßenlampen auf Privatgrundstücken aufstellen, wenn sie es für die öffentliche Ordnung und Sicherheit als notwendig erachten. Im Einklang mit Hessen.
2007	Die Glasziegel müssen im Einzelfall von einem Dach entfernt werden, wenn sie durch die Spiegelung von Sonnenlicht erheblich stören.

Bayerischer Verwaltungsgerichtshof (in München)

2022	Im denkmalgeschützten Bereich sind leuchtende Werbeschilder, die den Anforderungen an die Zone widersprechen, unzulässig.
2022	Ein großes Dachfenster ist je nach Denkmalschutz unzulässig, auch wegen Lichtemissionen.
2022	Die Verkehrssicherheit ist höher zu gewichten als die Werbewirkung großflächiger Anlagen.
2019	Sind Straßenlampen mit erheblicher Blendung verbunden, muss diese im Einzelfall beseitigt werden.

Oberverwaltungsgericht Berlin-Brandenburg (in Berlin)

2021	Klage gegen Glasziegel wird im Einzelfall abgelehnt (vgl. München).

Landgericht Berlin

2010	Wegen einer weihnachtlichen Lichterkette darf einem Mieter nicht gekündigt werden. Es wird empfohlen, die Nachtruhe einzuhalten.

Oberverwaltungsgericht der Freien Hansestadt Bremen

2016	Ein Restaurant durfte nicht gebaut werden, weil die Immissionen in der Industriezone zu hoch dafür sind.

Hamburgisches Oberverwaltungsgericht

2022	Artenschutz kann durch insektenfreundliche Außenbeleuchtung gefördert werden.
2018	Zu große beleuchtete Werbung wird wegen Denkmalschutz untersagt.
2010	Beleuchtete Werbung im allgemeinen Wohngebiet ist unzulässig.

Hessischer Verwaltungsgerichtshof (in Kassel)

2021	Geplanter Logistikbetrieb abgelehnt, da Artenschutz zu wenig berücksichtigt wurde.
1988	Eine Straßenlampe auf Privatgrund muss geduldet werden.

Landgericht Wiesbaden

2001	Lampe für Hauseingang mit etwa 500 Lumen darf nicht mehr brennen wegen Störung der Nachbarn.

Oberverwaltungsgericht Mecklenburg-Vorpommern (in Greifswald)

2019	Eine Gemeinde kann sich nicht gegen Sichtbeeinträchtigungen durch Bauten außerhalb ihres Gebiets wehren, da diese bereits durch Richtpläne gesichert sind.
2010	Eine Bebauung im Vogelschutzgebiet wird untersagt, weil eine Kompensation nicht möglich ist.

Niedersächsisches Oberverwaltungsgericht (in Lüneburg)

2013	Glasierte Dachziegel werden im Einzelfall erlaubt, wenn die Schwelle der Rücksichtslosigkeit nicht überschritten wird.
2004	Eine Parkgarage in der Nachbarschaft ist zumutbar.
2003	Eine leuchtende Werbeanlage zur Aufwertung einer industriellen Baute ist im Kerngebiet für betroffene Anwohner zumutbar.
2009	Der Ausbau eines Flughafens muss die Lichtwirkungen auf Anwohner nach LAI (2012) beurteilen.
1993	Private, die von einer Straßenlampe zu stark gestört werden, können vom Werk eine zusätzliche Abschirmung verlangen, sofern diese wirtschaftlich tragbar und betrieblich machbar ist.

Oberverwaltungsgericht für das Land Nordrhein-Westfalen (in Münster)

2016	Beleuchtete Werbung wird aufgrund zu enger Abstände zu Betroffenen abgelehnt.

2007	Eine hohe Werbeanlage wird erlaubt, da die Lichtimmissionen aufgrund des großen Abstands nachweislich gering sind.
2002	Eine Planung ist ungültig, da sie die Lichtemissionen des Gewerbebetriebes auf die Wohngebiete zu wenig berücksichtigt.
1997	Im Kerngebiet wird das Ruhebedürfnis auf der straßenabgewandten Seite höher gewichtet und Lichtimmissionen eines Parkdecks müssen reduziert werden.
1997	Eine Leuchtreklame in geringem Abstand zu Wohnungen ist zu hell und muss in der Nachtruhezeit ausschalten.

Oberverwaltungsgericht Rheinland-Pfalz (in Koblenz)

2016	Notbeleuchtung im Treppenhaus eines öffentlichen Gebäudes ist in Wohngebieten hinzunehmen.

Oberverwaltungsgericht des Saarlandes (in Saarlouis)

2021	Der Schattenwurf geplanter Gebäude ist zumutbar, da Abstände eingehalten werden.
2020	Der Schattenwurf geplanter Gebäude ist zu groß, daher ist die Planung unzulässig.

Sächsisches Oberverwaltungsgericht (in Bautzen)

—

Oberverwaltungsgericht des Landes Sachsen-Anhalt (in Magdeburg)

2018	Ein Tierhalter muss den Stall künstlich beleuchten, weil das Tageslicht für seine Tiere nicht ausreicht.

Schleswig-Holsteinisches Oberverwaltungsgericht (in Schleswig)

2017	Eine Straßenlampe ist unzumutbar und muss vom Werk gegenüber einem Privatgrundstück besser abgeschirmt werden.
2014	Lichtimmissionen einer Windturbine tagsüber sind hinzunehmen.
2012	Eine Tiefgarage wird bzgl. Lichtemissionen als nicht störend und hinnehmbar beurteilt.
2011	Eine Altstadtlaterne der Nachbarn ist ortsüblich und zumutbar.

Thüringer Oberverwaltungsgericht (in Weimar)

—

OLG Jena

2012	Buße wegen Betrieb eines Xenon-Scheinwerfers ohne automatische Lageregelung.

Österreich

Österreich adaptiert die etablierten europäischen EN-Normen unter der eigenen ÖNORM. So zitieren sie die Euronorm in der Bezeichnung: z. B. ÖNORM EN 13201 für die Straßenbeleuchtung. Die ÖNORM O 1052:2022 [30, 31] regelt ähnlich wie die «Hinweise zur Messung, Beurteilung und Minderung von Lichtimmissionen» LAI (2012) vor allem die Immissionen und adaptiert den Bedarf auf das eigene Land für:

- Betriebszeiten von Beleuchtungsanlagen in Schutz- oder Wohngebieten
- zulässige mittlere vertikale Beleuchtungsstärken bei (Wohn-)Raumaufhellung
- zulässige Blendungen durch künstliche Lichtquellen
- mittlere Leuchtdichten von angestrahlten Fassaden
- Anforderungen an umweltgerechte Beleuchtungsanlagen zum Naturschutz:
  - » Außenbeleuchtungen bei ökologisch sensiblen Bereichen haben einen G-Index ≥ 1,5 oder eine Farbtemperatur von CCT ≤ 2700 Kelvin aufzuweisen.
  - » Die Beleuchtungsstärke auf sensible Lebensräume (z. B. Biotope und Gewässer) darf durch künstliche Beleuchtung um nicht mehr als 0,25 Lux zunehmen und sie darf kein Licht über den Horizont abgeben.
  - » Leuchten müssen das Eindringen von Insekten durch eine geschlossene Bauweise verhindern. Als Schutzart der Leuchte ist mindestens IP 54 nach ÖVE/ÖNORM EN 60529 zu wählen. Ihre Oberflächen dürfen nicht heißer als 60 °C werden.
  - » Je nach den betroffenen Arten, Sensitivität usw. können Grenzwerte festgelegt werden. Die Beleuchtung von Schlaf- und Brutplätzen ist zu vermeiden.

Umgebungszone	Tag 06:00–20:00 Uhr	Übergang 20:00–22:00 Uhr	Nachtruhe 22:00–06:00 Uhr
Schutzgebiete	0,0	0,0	0,0
Grünland, Freiland, Erholungsgebiete	0,0[a]	0,0[a]	0,0
Bebautes Gebiet mit besonderem Schutzbedürfnis	1,0[b]	1,0[b]	1,0

Umgebungszone	Tag 06:00–20:00 Uhr	Übergang 20:00–22:00 Uhr	Nachtruhe 22:00–06:00 Uhr
(vorwiegende) Wohngebiete, Kleinsiedlungen, Siedlungsrand	5,0[b]	3,0[b]	1,0
Mischgebiete, Einkaufsstraßen	10,0[b]	5,0[b]	1,0
Umgebungszone	**Tag 06:00–20:00 Uhr**	**Übergang 20:00–24:00 Uhr**	**Nachtruhe 24:00–06:00 Uhr**
Kerngebiete, Gewerbe- und Industriegebiete, übergeordnete Geschäftsstraßen	25,0[b]	15,0[b]	5,0

a In diesen Gebieten sind Beleuchtungsanlagen nur in begründeten Fällen bis maximal 22:00 Uhr zulässig
b In diesen Gebieten sind Beleuchtungsanlagen mit abweichenden Betriebszeiten in begründeten Fällen zulässig.

Tabelle 2: Maximal zulässige, mittlere vertikale Beleuchtungsstärke von künstlichem Außenlicht je nach Umgebungszone und Tageszeit in der Fensterebene des zu beurteilenden Raumes nach Tabellen 1, 2 und 4 aus der ÖNORM O 1052:2022 (Abdruck mit freundlicher Genehmigung durch Austrian Standards [30]).

G-Index [32, 33]

Da die ÖNORM O 1052:2022 auch den G-Index zitiert, sei dieser hier kurz erklärt. Wir haben den Eindruck, der Vorschlag des spanischen Astrophysikers David **G**aladí Enríquez setzt sich in der EU langfristig als Maßstab für die Auswirkung von Außenbeleuchtung im Natur- und Umweltschutz durch, weil er aus dem komplexen Sachverhalt einfache Werte herleitet, vergleichbar dem pH-Wert in der Chemie.

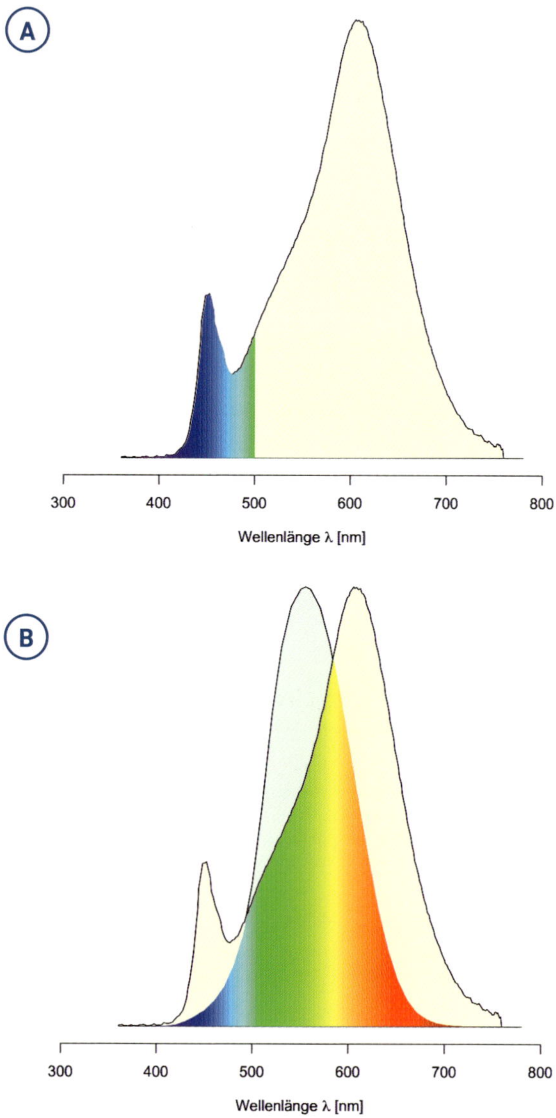

Abb. 32: Der G-Index einer Lichtquelle (hellgelb) fußt auf dem Vergleich des radiometrischen Blauanteils (A) mit dem fotometrischen Lichtanteil (B) der Quelle.

Mithilfe der Abbildung 32 erläutern wir die Bestimmung des G-Index an einem Beispiel:

A: Messen Sie das Spektrum der Lichtquelle (hellgelb). Summieren Sie das erhaltene Spektrum von der kleinsten gemessenen Wellenlänge bis 500 Nanometer (bunt) und behalten Sie diesen Wert als Anteil A.

B: Multiplizieren Sie das ganze Spektrum mit der CIE-Kurve für das Tagsehen (V-Lambda, von 380–780 nm, hellgrün) und summieren Sie das Resultat (bunt) als Anteil B.
Der Index G errechnet sich aus dem Verhältnis von A zu B nun wie folgt:

$$G = -2.5 \cdot \log_{10}(A/B)$$

G wird größer, je wärmer die Lichtquelle ist. Der geforderte Wert von G-Index ≥ 1,5 der Norm bedeutet, dass der Blauanteil der Leuchte nach diesem Messstandard 25 Prozent nicht überschreiten darf. Die ÖNORM ist hier somit weniger streng, als es die EU für eine hohe Empfindlichkeit vorgeschlagen hatte (G-Index ≥ 2,0, Blauanteil maximal 16 Prozent).

Das in Abbildung 32 gezeigte Beispiel entspricht gerade einer Leuchte, die beide Vorgaben für einen ökologisch sensiblen Bereich in Österreich minimal erfüllt, also CCT = 2700 Kelvin und G-Index = 1,5 aufweist. Diese Lichtquelle wurde wegen einer bedeutenden Fledermauskolonie in einem ökologisch sensiblen Dorf in der Schweiz als LED-Straßenleuchte aufgestellt.

Oberster Gerichtshof Wien [34], Entscheide im Zusammenhang mit Licht

6 Ob 60/20x | 23.04.2020
Licht von Nachbars Swimmingpool muss toleriert werden (Jalousien schließen)
Das Klagebegehren wurde abgewiesen.

1 Ob 1/18f | 29.05.2018
Die intensive Blendung durch eine nachbarliche Solaranlage muss nicht hingenommen werden
Kommt es durch den ungünstigen Aufstellungsort von Solarpaneelen zu einer intensiven Lichteinstrahlung auf die Nachbarliegenschaft, kann der Störer vom Nachbarn nicht verlangen, selbst Schutzmaßnahmen gegen die Einwirkungen zu ergreifen.

2 Ob 42/17s | 30.01.2018
Keine Beleuchtungspflicht für Rollstühle im Straßenverkehr
Der Oberste Gerichtshof verneint das Mitverschulden eines Rollstuhlfahrers, der bei Dunkelheit im Freilandgebiet mit einem entgegenkommenden Klein-Lkw kollidierte.

1 Ob 84/16h | 19.10.2016
Abwehrmöglichkeit gegen Lichtentzug durch hohe Pflanzen an der Grundstücksgrenze
Ein Wohnungseigentümer muss eine intensive Beschattung seiner Wohnung und seines Gartens auch dann nicht hinnehmen, wenn die Bepflanzung auf

dem Nachbargrundstück vor Inkrafttreten der gesetzlichen Regelung über das Verbot unzumutbaren Lichtentzugs vorgenommen wurde.

4 Ob 43/16a | 30.03.2016

Blendwirkung als unzulässige Immission

Die von einer Fotovoltaikanlage ausgehende, gesundheitsgefährdende Blendwirkung muss der gestörte Nachbar nicht dulden, auch wenn die Beseitigung der Anlage erhebliche Kosten verursacht.

2 Ob 121/14d | 23.10.2014

Pflicht zur Benützung von Radwegen auch bei Gefahr erhöhter Blendung durch entgegenkommende Kraftfahrzeuge

Der Oberste Gerichtshof bejaht die Verpflichtung zur Benützung eines nur auf einer Seite einer Straße verlaufenden, in beide Richtungen befahrbaren Radwegs, auch wenn dadurch die Gefahr, durch entgegenkommende Fahrzeuge geblendet zu werden, erhöht wird.

Schweiz

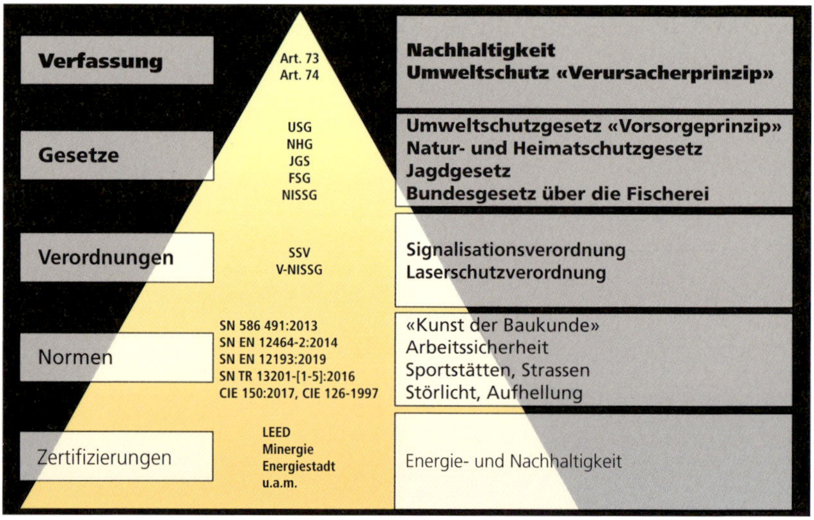

Abb. 33: Rechtliche Normenpyramide in der Schweiz.

Die Schweiz adaptiert die etablierten europäischen EN-Normen in eigenen SN-Normen (siehe Normen in Abbildung 33). In der Pyramide weiter unten angesiedelte Regelungen können zur Beurteilung von rechtlichen Entscheiden beigezogen werden, wenn die höherstehenden Regelungen die Fragen nicht beantworten, sie dürfen jedoch den höherstehenden nicht widersprechen. Deshalb waren Normen vor der Einführung der Vollzugshilfe «Empfehlungen zur Vermeidung von Lichtemissionen» [35] bereits verbindlich für Entscheide des Bundesgerichts. Die Vollzugshilfe schiebt sich zwischen die Stufe der Verordnungen und der Normen und zitiert die Gesetze, Verordnungen und Normen. Wenn die Vollzugshilfe sich als zu wenig wirksam erweist, werden ihre Regeln womöglich nach dem Umweltschutzgesetz in ein paar Jahren zur Verordnung erklärt.

Die Verfassung verankert im Umweltschutz das Verursacherprinzip, der Verursacher trägt die Verantwortung für sein Handeln und die Schäden, die es mit sich bringt. Nach dem Umweltschutzgesetz muss das Vorsorgeprinzip eingehalten werden. Der Verursacher soll seine Lichtquellen begrenzen, damit sie am Immissionsort weder lästig noch schädlich werden, soweit er das wirtschaftlich und technisch lösen kann.

Der Immissionsschutz im Schweizer Umweltschutzgesetz [36] wurde bewusst einfach geschrieben, schließt aber rechtlich das Licht als nichtionisierende Strahlung mit ein.

Art. 11 Grundsatz

1 [...] Strahlen werden durch Maßnahmen bei der Quelle begrenzt (Emissionsbegrenzungen).

2 Unabhängig von der bestehenden Umweltbelastung sind Emissionen im Rahmen der Vorsorge so weit zu begrenzen, als dies technisch und betrieblich möglich und wirtschaftlich tragbar ist.

3 Die Emissionsbegrenzungen werden verschärft, wenn feststeht oder zu erwarten ist, dass die Einwirkungen unter Berücksichtigung der bestehenden Umweltbelastung schädlich oder lästig werden.

Glücklicherweise sind die technische Machbarkeit und die Wirtschaftlichkeit heutzutage fast immer gegeben. Bei der Beweisbarkeit der Schädlichkeit existiert ein Problem: Sind gefährdete Tierarten bereits nicht mehr nachweisbar, können sich die Umweltverbände für deren Schutz nach dem Natur- und Heimatschutzgesetz [37] kaum wehren. Für uns selbst als Betroffene dürfen wir uns aber jederzeit wehren. Die normative Situation für Menschen hat sich nämlich mit der Vollzugshilfe verbessert.

Vollzugshilfe «Empfehlungen zur Vermeidung von Lichtemissionen»

Diese Vollzugshilfe hat die SIA-Norm 491 (SN 586 491:2013) [38] und die «Hinweise zur Messung, Beurteilung und Minderung von Lichtimmissionen» LAI 2012 (LiTG 12.3-2011) [11] aufgenommen. Somit wechselt die Bedeutung der nächtlichen Lichtnutzung in einigen Punkten im Vergleich zu den Empfehlungen von 2005:

1) Nicht jede Beleuchtung ist bewilligungsfrei

Wer eine Beleuchtungsanlage baut, braucht vermutlich eine Bewilligung (Behörden sind autonom und können das verbindlich regeln), im Zweifelsfall sollten Sie aber besser nachfragen, statt im Nachhinein eine Pflicht zum Baugesuch und mögliche Beschwerden Betroffener zu gewärtigen. Gerade beim Licht, das eine so hohe Reichweite hat, sind die Empfindlichkeiten von tierischer oder menschlicher Nachbarschaft manchmal höher, als einem bewusst ist.

2) Für alles Licht, das in den Außenraum fällt, gelten Regeln zur Reduzierung – (7-Punkte-Plan) der Vollzugshilfe «Empfehlungen zur Vermeidung von Lichtemissionen»

1. Nur beleuchten, was beleuchtet werden muss.
2. Nur so hell beleuchten, wie nötig.
3. Lichtspektrum auf Beleuchtungszweck und Umgebung abstimmen.
4. Die Beleuchtung soll möglichst präzise und ohne unnötige Abstrahlungen in die Umgebung erfolgen.
5. Grundsätzlich von oben nach unten beleuchten, präzise ausrichten.
6. Ausschalten in der Nachtruhezeit.
7. Zusätzliche Abschirmungen in spezifischen Problemfällen.

Insbesondere Punkt 6 wurde für jedes Licht für gestalterische oder werbende Zwecke für die Zeit von 22:00 bis 6:00 Uhr verbindlich erklärt. Ausnahmebewilligungen sind möglich für geöffnete Betriebe und für die Weihnachtsbeleuchtung vom 1. Advent bis zum 6. Januar.

3) Störlicht von draußen ins eigene Haus

Wenn Sie nicht schlafen können oder sich sonst im Wohnraum durch Außenlicht belästigt fühlen, dürfen Sie eine Kontrolle der Beleuchtungsstärke am Fenster durch Ihre Gemeinde oder Stadt veranlassen. Die als (Wohn-)Raumaufhellung bezeichnete Störung durch Kunstlicht ist durch die LAI 2012 beschrieben worden und in allen deutschsprachigen Ländern eingeführt und adaptiert. Im Gegensatz zu Deutschland und Österreich erwähnt die Schweizer Vollzugshilfe jedoch die Übergangszeit aus Tabelle 2 nicht und kennt nur eine Nachruhezeit, dafür wendet sie dann ihre adaptierten Richtwerte auf jedes Außenlicht an.

Am betroffenen offenen Fenster (oder unmittelbar vor der Scheibe) muss gemessen werden, wie viel Licht tatsächlich hereinscheint. Wenn das Außenlicht farbig ist oder blinkt, wird mit Zuschlagsfaktoren multipliziert, um der zusätzlichen Störwirkung gerecht zu werden (es kann ausnahmsweise auch hinter der Scheibe gemessen werden, aber dann gilt ein weiterer Zuschlag je nach Verglasung).

Der Richtwert, wie viel Licht tolerierbar ist, hängt von der Uhrzeit (vor oder nach Nachtruhe) und dem Siedlungscharakter (Umgebungszone) ab. Leider sind die Richtwerte recht großzügig ausgelegt, dennoch kann in sehr lästigen

Situationen meist geholfen werden und die Behörde muss den Verursachenden dazu verpflichten, die Beleuchtung zu reduzieren.

4) Blendung

Scheint eine helle Lichtquelle oder Spiegelung direkt ins Auge und ist sie wesentlich heller als die Umgebung, nehmen wir das als Blendung wahr. Intuitiv schauen wir weg oder kneifen die Augen zusammen, um uns zu schützen. Passiert das jedoch häufiger oder betrifft es uns länger, z. B. durch einen benachbarten Sportplatz, eine Baustelle oder eine falsch eingestellte Schockbeleuchtung (Flutlicht mit Bewegungsmelder für vermeintlichen Einbruchschutz), dürfen wir ebenfalls eine Nachmessung verlangen. Blendungen müssen reduziert oder beseitigt werden, wenn sie die örtlich geltenden Richtwerte überschreiten.

Während die (Wohn-)Raumaufhellung durch die meisten Fachleute gemessen werden kann, erfordert die Bestimmung des Blendmaßes eine teurere Ausrüstung. Gut ausgerüstete Straßenbauämter oder Lichtplanerinnen und Lichtplaner verfügen darüber.

5) Signale

Das Recht auf Signale liegt beim Verkehrswesen. Privatpersonen dürfen keine Signale aufstellen oder sie für Verkehrsteilnehmerinnen und Verkehrsteilnehmer sichtbar einsetzen. So bleiben Martinshörner und Blaulichter dem Polizei- und Rettungswesen, orange Warnleuchten den großen Landmaschinen und Baustellen und Ampeln den Verkehrsbetrieben vorbehalten. Eine Ausnahme gibt es für die Lichthupe. Diese ist dann erlaubt, wenn Sie sich oder andere gefährdet sehen, sie also der Sicherheit dient, so wie das eine Hupe am Tag auch tun muss. Beim Überholen außerorts ist sie ebenfalls als Ankündigung zulässig. Wer aber willkürlich mit Licht andere blendet oder vor Radaranlagen warnt, macht sich strafbar. Sollten Sie feststellen, dass die Lichtautomatik Ihres Fahrzeugs schlecht eingestellt ist, bedienen Sie die Fernlichter lieber wieder manuell nach Bedarf.

6) Laser

Leider häufen sich trotz Verbot und Warnungen immer noch die Meldungen von Blendungen durch starke Laser, die zur Gefährdung von Fahrzeug-, Flug- und Schiffsverkehr führen. Das Verbot leistungsfähiger Laser durch die Laserschutzverordnung hat auch die Observatorien getroffen, die manchmal den Besucherinnen und Besuchern die Sternkonstellationen durch direktes Lichtzeichen am Nachthimmel erklären. Es existieren bereits Empfehlungen für den Ersatz der Laser durch leistungsstarke LED-Lampen. Es ist leider nur eine Frage der Zeit, bis auch solche LED-Lampen zur Blendung von Unbeteiligten zum Einsatz kommen und ebenfalls verboten werden müssen. Die Gesetzeslage (Laserschutzverordnung) hinkt den Übeltäterinnen und Übeltätern immer ein Stück hinterher. Zuletzt leiden alle, die auf technische Geräte angewiesen sind, unter den zunehmenden Verboten.

Bundesgerichtsentscheide in Zusammenhang mit Licht [39]

Licht vom Innenraum in den Aussenraum Klinik in Münsterlingen, Münsterlingen TG
1C_475/2017 (6.2 und 6.3), 21.9.2018
Strassenlampe Zuzwil, Zuzwil SG
1C_198/2017, 9.11.2017
Blendung durch reflektiertes Sonnenlicht, Olten SO
1C_740/2013, 6.5.2015
Bahnhof Oberrieden, Oberrieden ZH
1C_602/2012, 2.4.2014
Weihnachtsbeleuchtung, Möhlin AG
BGE 140 II 33, 12.12.2013
Blendung durch reflektiertes Sonnenlicht, Burgdorf BE
1C_177/2011, 9.2.2012
Wohnraumaufhellung, Wallisellen ZH
1C_216/2010, 28.9.2010
Sportplatzbeleuchtung, Lachen SZ
1C_105/2009, 13.10.2009
Reklameanlagen, Zürich
1C_12/2007, 8.1.2008
Bergbeleuchtung Pilatus, Luzern
BGE 123 II 256, 16.4.1997

A3 Organisationen für naturnahe Nachtdunkelheit

Land	Name	seit	Form	Leute	Internet
DE	Verein der Sternfreunde e.V.	1995	VDS Fachgruppe DarkSky	30	lichtverschmutzung.de
DE	Loss of the Night Network (LoNNe)	2013	COST action = EU geförderte Forschung in Wissenschaft und Technologie	46	cost-lonne.eu
DE AT CH	Paten der Nacht	2019	gemeinnütziges Unternehmen gGmbH	42 8 1	paten-der-nacht.de
AT	Helle Not	1999	Umweltanwalt-schaft Tirol	1	hellenot.org
CH	DarkSky Switzerland	1996 2000 2007 2019	Fachgruppe Verein Verband Verbands-beschwerde	578	darksky.ch
CH	Lamper	2012	Kampagne	3	lamper.ch
CH	Licht aus	2018	Kampagne	1	lichtaus.ch
CH FR	La nuit est belle	2019	Kampagne	2	www.lanuitestbelle.org
CH FR	Projet Perséides	2019	Verein	4	www.projet-perseides.org

Verschiedene Typen von Lichtquellen

Auf dieser und den folgenden Seiten werden anhand zahlreicher Beispiele verschiedene Typen von Lichtquellen vorgestellt. Auf der ersten Seite befinden sich Beispiele, die bezüglich der Lichtverschmutzung die ungünstigsten von allen sind; auf der letzten Seite sind jene Beispiele, die dem aktuellen «state of the art» entsprechen. Dazwischen sind mehrere Abstufungen – von ziemlich schlecht zu immer besser – dargestellt.

ULR: Upward Light Ratio. Lichtanteil, der direkt nach oben geht. Gemeint ist der Lichtstrom, der direkt in den oberen Halbraum (über die Horizontalebene) strahlt, im Verhältnis zum Gesamtlichtstrom der Leuchte. Die CIE-Normen begrenzen die erlaubten ULR-Werte je nach Umgebungszone zur Reduzierung der Himmelsaufhellung.

Bodenleuchten und Anleuchtungen von unten nach oben

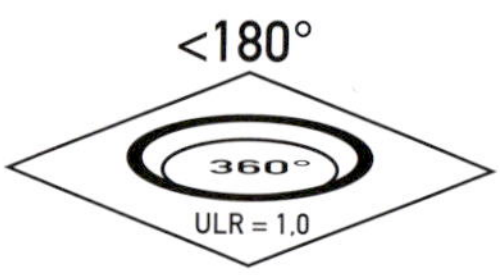

Nach oben offene Zylinder

Offene Kugeln

Gedeckelte Kugeln und Zylinder

Wandleuchten vorstehend

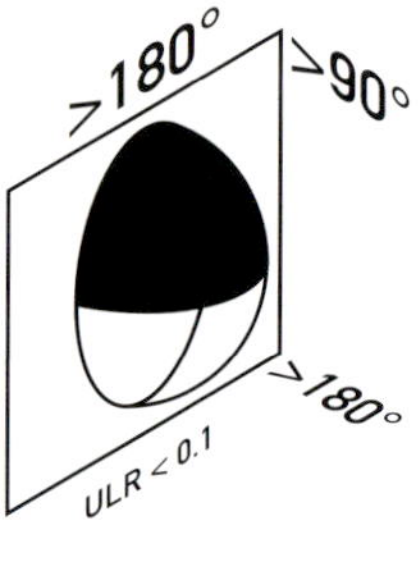

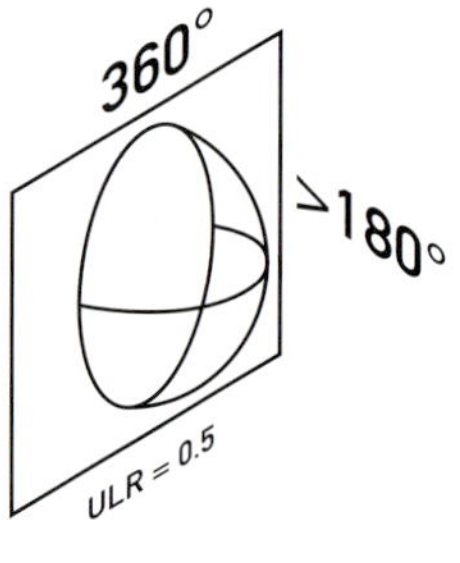

Wandleuchten innenliegend

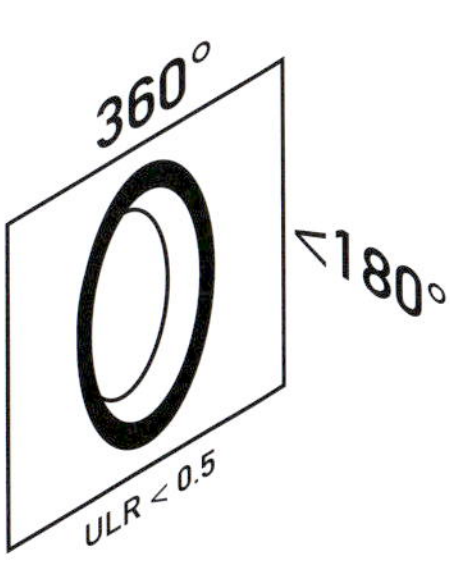

Schräge Fluter und Anleuchtung von oben nach unten

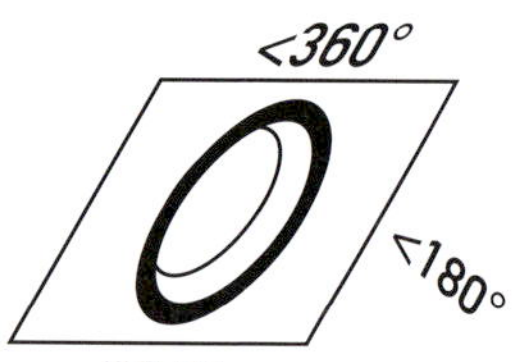

Vollgedeckelte Leuchten

«Auch die beste Leuchte kann noch falsch montiert oder betrieben werden.»

Literaturempfehlungen zur Vertiefung

Bogard, Paul: Die Nacht – Reise in eine verschwindende Welt, Karl Blessing Verlag, München, 2014. ISBN-13 978-3896674678

Krop-Benesch, Annette: Licht Aus!? Lichtverschmutzung. Die unterschätzte Gefahr, Rowohlt Verlag, 2019. ISBN: 978-3-499-63448-2

Liesemer, Dirk: Streifzüge durch die Nacht. Wie ich unsere Heimat neu entdeckte, MALIK-Verlag, 2020. ISBN 978-3-89029-530-5

Posch, Thomas et al.: Das Ende der Nacht, Lichtsmog: Gefahren – Perspektiven – Lösungen, WILEY-VCH, 2. Auflage 2013. ISBN: 978-3-527-41179-5

Quellenverzeichnis

[1] Schuler L. D., Schatz R., Berweger Ch. D. 2018. From global radiance to an increased local political awareness of light pollution. Environmental Science & Policy Volume 89, November 2018, Pages 142–52.
https://doi.org/10.1016/j.envsci.2018.07.011

[2] Hallmann C. A., Sorg M., Jongejans E., Siepel H., Hofland N., Schwan H., Stenmans W., Müller A., Sumser H., Hörren Th., Goulson D., de Kroon H. 2017. More than 75 percent decline over 27 years in total flying insect biomass in protected areas. PLoS ONE 12(10): e0185809.
https://doi.org/10.1371/journal.pone.0185809

[3] Rüdisser J. 2021. Das stille Sterben. Greenpeace Österreich.
https://greenpeace.at/presse/greenpeace-studie-zeigt-drastisches-artensterben-in-oesterreichs-bundeslaendern/

[4] Widmer I., Mühlethaler R. et al. (2021) Insektenvielfalt in der Schweiz: Bedeutung, Trends, Handlungsoptionen. Swiss Academies Factsheets 16 (4)

[5] Eisenbeis G. und Hassel F. 2000: Zur Anziehung nachtaktiver Insekten durch Straßenlaternen – eine Studie kommunaler Beleuchtungseinrichtungen in der Agrarlandschaft Rheinhessens.
Natur und Landschaft 75: 145–56.

[6] Knop, E., Zoller, L., Ryser, R. et al. Artificial light at night as a new threat to pollination. Nature 548, 206–209 (2017). https://doi.org/10.1038/nature23288

[7] Verordnung zum NISSG (V-NISSG) https://www.bag.admin.ch/bag/de/home/gesund-leben/umwelt-und-gesundheit/strahlung-radioaktivitaet-schall/nissg/verordnung_nissg.html

[8] Ekirch R. A. 2006. In der Stunde der Nacht. Eine Geschichte der Dunkelheit. Bergisch Gladbach, Lübbe, ISBN: 3-7857-2246-X, 495 S. Originaltitel: At day›s close: night in times past, aus dem Englischen übersetzt

[9] Wikipedia, https://de.wikipedia.org/wiki/Roger_Ekirch

[10] https://www.sleepfoundation.org/how-sleep-works/how-much-sleep-do-we-really-need

[11] LAI 2012 (LiTG 12.3-2011) https://www.lai-immissionsschutz.de/documents/lichthinweise-2015-11-03mit-formelkorrektur_aus_03_2018_1520588339.pdf

[12] https://www.darksky.org/artificial-light-at-night-state-of-the-science-2022-report/

[13] https://fledermausschutz.ch/arten

[14] https://www.lbv.de/ratgeber/naturwissen/lichtverschmutzung/

[15] Van der Kooi C. J., Stavenga D.G., Arikawa K., Belušič G., Kelber A. 2021. Evolution of Insect Color Vision: From Spectral Sensitivity to Visual Ecology Annual Review of Entomology 66:1, 435-461. <https://www.annualreviews.org/doi/10.1146/annurev-ento-061720-071644>

[16] ECE Richtlinien https://www.colliseum.eu/wiki/ECE-Regelungen

[17] VDE https://www.vde-verlag.de/

[18] Berufsgenossenschaftliche Vorschriften https://publikationen.dguv.de/regelwerk/dguv-vorschriften/1052/elektrische-anlagen-und-betriebsmittel?c=13

[19] Bauordnungen Deutsche Bundesländer https://de.wikipedia.org/wiki/Bauordnungen_(Deutschland)

[20] EEG https://www.erneuerbare-energien.de/EE/Redaktion/DE/Dossier/eeg.html

[21] Elektroschutzverordnung 2012 (ESV), §8 https://www.ris.bka.gv.at/NormDokument.wxe?Abfrage=Bundesnormen&Gesetzesnummer=20007682&Paragraf=8

[22] Elektrotechnikverordnung 2020 (ETV), §7 https://www.ris.bka.gv.at/GeltendeFassung.wxe?Abfrage=Bundesnormen&Gesetzesnummer=20011222

[23] Bauordnungen Österreichische Bundesländer https://www.oesterreich.gv.at/themen/bauen_wohnen_und_umwelt/bauen/Seite.2260200.html

[24] CIE, Commission Internationale d'Eclairage, Internationale Beleuchtungskomission https://cie.co.at

[25] CEN https://www.cencenelec.eu

[26] TC 169 https://standards.cencenelec.eu/dyn/www/f?p=205:29:0::::FSP_ORG_ID,FSP_LANG_ID:6150,25&cs=153F28313C6EB5A14BFE7639522FEE96E

[27] Schroer S., Huggins B., Böttcher M., Hölker F. 2022. Leitfaden zur Neugestaltung und Umrüstung von Außenbeleuchtungsanlagen: Anforderungen an eine nachhaltige Außenbeleuchtung.
https://www.bfn.de/sites/default/files/2022-05/skript543_4_aufl.pdf

[28] Bundesverwaltungsgerichtsentscheide https://www.bverwg.de

[29] Oberlandesgerichte https://de.wikipedia.org/wiki/Oberlandesgericht

[30] ÖNORM O 1052:2022
https://shop.austrian-standards.at/action/de/public/details/1233514/OENORM_O_1052_2022_10_15

[31] Doppler A. 2022. ÖNORM O 1052 Lichtimmissionen – Messung und Beurteilung
https://www.sachverstand.org/center01b.htm

[32] Spectral G-Index https://en.wikipedia.org/wiki/Spectral_G-index

[33] G-Index, Nachtfalter darksky.ch
http://www.darksky.ch/dss/wp-content/uploads/2019/11/Nachtfalter_2019_web_de.pdf

[34] Oberster Gerichtshof Wien https://www.ogh.gv.at

[35] Reichenbach, A., Breitenbücher D., Gerpe Ch., Hofmann D., Minger J. und Vonlanthen J. 2021. (Vollzugshilfe) «Empfehlungen zur Vermeidung von Lichtemissionen» http://www.bafu.admin.ch/licht

[36] Schweizer Umweltschutzgesetz: USG Artikel 11 https://www.fedlex.admin.ch/eli/cc/1984/1122_1122_1122/de#art_11

[37] Schweizer Natur- und Heimatschutzgesetz: NHG https://www.fedlex.admin.ch/eli/cc/1966/1637_1694_1679/de

[38] SIA Norm 491 http://shop.sia.ch/normenwerk/architekt/491_2013_d/D/Product

[39] DarkSky Switzerland, Bundesgerichtsentscheide im Zusammenhang mit Licht 2022 https://www.darksky.ch/dss/de/handeln/gerichtsentscheide/

Bildnachweis

della Bella, Alessandro: Abb. 9
NOAA's National Center for Environmental Information (NCEI): Abb. 1A und B
Schuler, Lukas: Umschlag, Abb. 1A und B, 2, 3, 4, 5, 6, 7, 8, 10, 11, 12A und B, 13, 14B, 15, 16, 17, 18, 19, 20, 22, 23, 24, 26A und B, 28, 29, 30, 31, 32A und B, 33
Schuler, Tamara: Abb. 14A
Sialm, Flurin: Abb. 21A und B
Wirth, Kurt: Abb. 25, 27

Register

1. Auflage: 2023

ISBN 978-3-258-08311-7

Umschlaggestaltung: Daniela Vacas, CH-Bern
Umschlagsbild: Lukas Schuler
Gestaltung und Satz: Roman Bold & Black, D-Köln

Wir verwenden FSC®-zertifiziertes Papier. FSC® sichert die Nutzung der Wälder gemäß sozialen, ökonomischen und ökologischen Kriterien.
Gedruckt in Slowenien

MIX
Papier | Fördert gute Waldnutzung
FSC® C106954
FSC www.fsc.org

Diese Publikation ist in der Deutschen Nationalbibliografie verzeichnet. Mehr Informationen dazu finden Sie unter http://dnb.dnb.de.

Der Haupt Verlag wird vom Bundesamt für Kultur für die Jahre 2021–2024 unterstützt.

Wir verlegen mit Freude und großem Engagement unsere Bücher. Daher freuen wir uns immer über Anregungen zum Programm und schätzen Hinweise auf Fehler im Buch, sollten uns welche unterlaufen sein. Falls Sie regelmäßig Informationen über die aktuellen Titel im Bereich Natur & Garten erhalten möchten, folgen Sie uns über Social Media oder bleiben Sie via Newsletter auf dem neuesten Stand.

www.haupt.ch